拜城油鸡公母鸡

拜城油鸡豆冠公鸡

拜城油鸡母鸡

北京油鸡林下放养（一）

北京油鸡林下放养（二）

北京油鸡林下放养（三）

黄麻公鸡（一）

黄麻公鸡（二）

黄麻鸡林下放养

黄麻母鸡

黑麻公鸡

黑麻母鸡

圈养黑麻公鸡（一）

圈养黑麻公鸡（二）

圈养黑麻公母鸡

红麻公鸡（一）

红麻公鸡（二）

红麻母鸡

养殖户饲养的红麻鸡

养殖户饲养的红麻公鸡

红麻公母鸡混养

圈养红麻公鸡

油麻鸡公鸡

油麻鸡母鸡

油麻鸡公母鸡

油麻鸡林下饲养

油麻鸡复冠公鸡

油麻鸡单冠公鸡

油麻鸡树上栖息

雪地放牧

油麻鸡飞跃（一）

油麻鸡飞跃（二）

屠宰后红麻母鸡

屠宰后黑麻公鸡

屠宰后黑麻母鸡

屠宰后黄麻母鸡

屠宰后黄麻公鸡

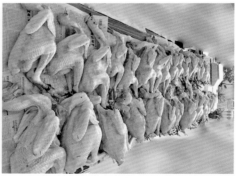

油麻鸡屠宰性能监测

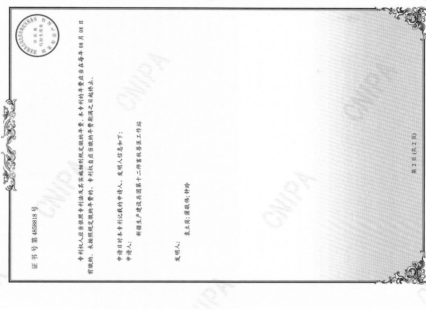

证书号第4858818号

发明专利证书

发 明 名 称：一种油麻鸡新品系的培育方法

发 明 人：袁立闯;浦敬伟;钟玲

专 利 号：ZL 2018 1 0898964.0

专利申请日：2018年08月08日

专 利 权 人：新疆生产建设兵团第十二师畜牧兽医工作站

地　　　址：830009 新疆维吾尔自治区乌鲁木齐市沙依巴克区四川路街204号

授权公告日：2021年12月21日　授权公告号：CN 109197762 B

国家知识产权局依照中华人民共和国专利法进行审查，决定授予专利权，颁发发明专利证书并在专利登记簿上予以登记。专利权自授权公告之日起生效。专利权期限为二十年，自申请日起算。

专利证书记载专利权登记时的法律状况。专利权的转移、质押、无效、终止、恢复和专利权人的姓名、国籍、地址变更等事项记载在专利登记簿上。

局长　申长雨

第1页（共2页）

其他事项见续页

证书号第4858818号

专利权人应当依照专利法及其实施细则规定缴纳年费。本专利的年费应当在每年08月08日前缴纳。未按照规定缴纳年费的，专利权自应当缴纳年费期满之日起终止。

申请日时本专利记载的申请人、发明人信息如下：

申请人：新疆生产建设兵团第十二师畜牧兽医工作站

发明人：袁立闯;浦敬伟;钟玲

第2页（共2页）

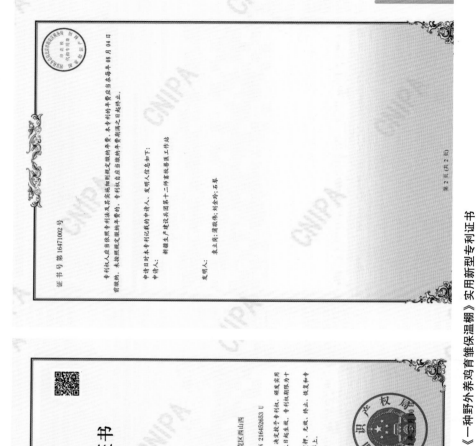

证书号 第16471002号

实用新型专利证书

实用新型名称：一种野外养鸡育雏保温棚

发 明 人：袁立闪;蒲敬伟;刘金玲;石翠

专 利 号：ZL 2021 2 1804253.6

专利申请日：2021 年 08 月 04 日

专 利 权 人：新疆生产建设兵团第十二师畜牧兽医工作站

地 址：830009 新疆维吾尔自治区乌鲁木齐市沙依巴克区西山西路204号

授权公告日：2022 年 05 月 10 日 授权公告号：CN 216452653 U

国家知识产权局依照中华人民共和国专利法经过审查,决定授予专利权,颁发实用新型专利证书并在专利登记簿上予以登记。专利权自授权公告之日起生效。专利权的期限为十年,自申请日起算。

专利权人应当按照专利法及其实施细则规定缴纳年费。缴纳本专利年费的截止日期是每年08月04日。未按照规定缴纳年费的,专利权自应当缴纳年费期满之日起终止。

专利证书记载专利权登记时的法律状况。专利权的转移、质押、无效、终止、恢复和专利权人的姓名、国籍、地址变更等事项记载在专利登记簿上。

局长 申长雨 申长雨（签名）

第1页（共2页）

证书号 第16471002号

申请日时本专利权的申请人、发明人信息如下：

申请人：
新疆生产建设兵团第十二师畜牧兽医工作站

发明人：蒲敬伟;刘金玲;石翠

第2页（共2页）

《一种野外养鸡育雏保温棚》实用新型专利证书

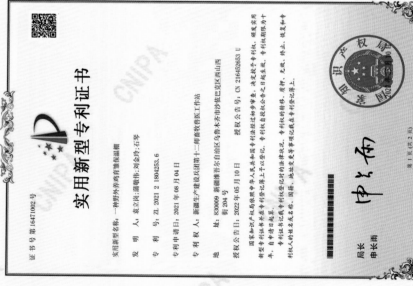

油、麻鸡的选育及杂交利用

◎ 袁立岗　主编

中国农业科学技术出版社

图书在版编目（CIP）数据

油、麻鸡的选育及杂交利用／袁立岗主编．—北京：中国
农业科学技术出版社，2023.3
　ISBN 978-7-5116-6233-0

Ⅰ.①油…　Ⅱ.①袁…　Ⅲ.①鸡-家禽育种　Ⅳ.①S831

中国国家版本馆 CIP 数据核字（2023）第 049729 号

责任编辑	张诗瑶
责任校对	贾若妍　李向荣
责任印制	姜义伟　王思文

出 版 者	中国农业科学技术出版社
	北京市中关村南大街 12 号　　邮编：100081
电　　话	（010）82106625（编辑室）　　　（010）82109702（发行部）
	（010）82109709（读者服务部）
网　　址	https://castp.caas.cn
经 销 者	各地新华书店
印 刷 者	北京建宏印刷有限公司
开　　本	170 mm×240 mm　1/16
印　　张	10　彩插　8 面
字　　数	206 千字
版　　次	2023 年 3 月第 1 版　2023 年 3 月第 1 次印刷
定　　价	88.00 元

《油、麻鸡的选育及杂交利用》
编写人员

主　编：袁立岗

副主编：石　琴　蒲敬伟

编　者：袁立岗　蒲敬伟　石　琴

　　　　刘金玲　钟　玲　徐晶晶

　　　　陈　磊

序

　　回顾新疆家禽业的发展，还得从新疆生产建设兵团（以下简称"兵团"）说起，当时隶属于兵团的乌鲁木齐市养禽场从 20 世纪 50 年代起就专业从事家禽集约化、规模化养殖，是乌鲁木齐市民的"菜篮子"基地。饲养品种主要是引进的蛋鸡品种，到了 20 世纪 80 年代末，在新疆才首次引进国外的肉鸡品种，将新疆家禽业的发展推向了高潮，这一时期无论家禽品种，还是养鸡技术与全国的发展水平差距不大。20 世纪 90 年代，随着市场经济的发展，国有养禽企业才逐渐退出市场。20 世纪末，食品短缺时代结束，消费者追求食品安全和品质逐渐成为趋势。因此，"快大型"白羽肉鸡市场逐渐萎缩，而被"黄鸡""麻鸡"等这些国内自选自育的"中速型"品种鸡部分取代。近年来，生态养鸡的品种和养殖方式又在快速兴起，新疆和国内养鸡市场一样，在"土鸡"品种杂交、选育利用方面工作相对落后，新疆拜城油鸡品种留传至今已有 300 余年历史，与北京油鸡同属国内 2 个稀有的油鸡品种，耐粗饲、适应性强、肌肉品质优，这些优势是其他家禽品种难以比拟的，杂交利用价值很大，特别适合于生态放养，但在保种和选育方面有些落后。

　　喜闻兵团第十二师畜牧兽医工作站近年来致力于油、麻鸡杂交选育工作，取得显著成果，特别是开创了新疆拜城油鸡杂交利用的先河，甚感欣慰。兵团第十二师畜牧兽医工作站是我在兵团农业局（现新疆生产建设兵团农业农村局）工作时，支持成立的地师级畜牧兽医工作站，我本人比较熟悉。自 2003 年成立之日起，该工作站一方面搞好动物防疫工作，另一方面做好新品种、新技术研究推广工作，先后承担过第十二师、兵团及农业农村部的科研推广项目，取得了诸多科研成果，是自治区、兵团地师级畜牧兽医站中业务能力较强、技术水平较高的单位。该工作站成立 20 多年来为提升兵团畜牧业技术水平、推动兵团畜牧业发展做出了显著成就。该站站长袁立岗同志，作为科研工作多年的带头人，为人诚实，工作踏实，作风严谨，专业技术能力较强，也是我当初极力举荐支持的专业人员。2022 年岁末，新冠疫情过后，立岗同志找到我，说他的团队想出一本鸡的杂交利用方面的专业书，请我给新书写个序，我听后很高兴。一是他们有这方面的才能和成果；二是作为畜牧战线上的老兵，虽然不再具体从事兵团畜牧业工作，但仍非常关注兵团畜牧业的发展，对奋战在畜牧战线上的同志仍然有较深厚的感情，于是欣然答应，聊以数语，不尽之处，敬请见谅。在此，祝贺新疆本土家禽品种的选育工作取得较大成就，希望油、麻鸡的选育和杂交利用技术随着本书的出版能够快速推广。

2023 年 1 月 10 日

前　　言

　　"油鸡"与"麻羽鸡"是经过数百年遗传保留下来的中华民族传统的优良"土鸡"品种，也是中国家禽品种遗传名录中的珍贵品种，其肌肉品质优良，抗逆性和适应性极强。我国的油鸡品种主要以北京"油鸡"和新疆拜城"油鸡"为代表，最突出的性能是皮下脂肪较厚、肌间脂肪多、食用时香味较浓，特别适应于放养模式的生态养殖。我国的麻鸡品种较多，在北方地区多以"南宁麻"和"柳州麻"饲养最多，该品种体形较大，饲料转化率高，属于"中速鸡"，一般圈养周期为 70~90d，比"快大型"白羽肉鸡养殖时间长，比白羽肉鸡的肌肉品质优，但比油鸡稍差。

　　近年来，麻羽肉鸡的杂交改良体系已经基本完善，初步形成了较稳定的杂交配套体系和较完善的供种平台，而油鸡，特别是拜城油鸡的杂交利用才刚刚起步。20 世纪 80 年代末至 90 年代，随着国外"洋鸡"品种的引入，油鸡品种受到市场冲击，不但保留的纯种越来越少，而且种间自然杂交，也使拜城油鸡的品种纯度降低，加上品种本身的原因，体重较轻、屠宰率低、饲料转化率低、生长速度较慢等劣势，纯种数量减少，纯度降低，拜城油鸡的保种已到了刻不容缓的地步，杂交利用是最现实的保种措施，既可起到保种作用，也可满足市场需求。利用杂交选育方式对麻鸡和油鸡进行配套改良，在良种的性能方面取长补短，可以取得较好的经济价值。

　　本书编录了兵团第十二师畜牧兽医工作站所承担的课题"优质麻羽肉鸡的杂交组合筛选和高效养殖技术应用与示范"和"拜城油鸡的杂交利用及示范推广"的成果，将油、麻鸡杂交利用的成功经验和技术方法进行汇总，以推进油鸡、麻鸡及杂交系的推广和宣传，让更多的人了解油鸡、麻鸡及杂交系的性能和肌肉品质，促进油、麻鸡产业的发展。书中详细介绍了油、麻鸡经济杂交的方法、途径及杂交鸡饲养效果和肌肉品质等，监测方法科学，试验数据真实，除成果的创新性外，也为油、麻鸡杂交配套体系的建立起到了推动作用。

　　随着乡村振兴和产业发展的要求，畜牧业要助力农民增收，利用农村资源发展生态养殖是最现实的途径之一。成本低，见效快，污染小，带动大，产品品质优，生产需求旺，杂交改良的油、麻鸡品种，正是针对农村发展生态养殖选育的优良品种，将会越来越受到广大养殖户和消费者的喜爱，因此，本书的出版具有极强的时代意义和现实意义。

由于编者水平有限，书中难免会出现一些不足之处，希望广大读者见谅。在此特别感谢对课题完成和本书编写给予支持和指导的老师、同仁及新疆生产建设兵团第十二师科学技术局。

编　者
2022 年 12 月 25 日

目　录

1

油鸡的选育效果

生态养鸡技术与管理

摘要：利用丰富的林地资源，选择抗病力强、适应性好、灵活性强、羽毛美观的地方土鸡品种，将现代养鸡技术与传统饲养模式相结合，将种植与养殖相结合，饲养出绿色安全的肉鸡、蛋鸡，满足市场需求、提高农民收入。

关键词：养鸡；林下；生态；技术

林下生态养鸡就是充分利用树林下（果林、山林）的天然饲料资源，利用大自然的新鲜空气和明媚的阳光，将传统养鸡与现代科学养鸡技术相结合，养出绿色、安全、营养丰富、品味优良的肉鸡或蛋鸡，以满足现代人回归自然的消费观念。为了提高林下生态养鸡的生产水平和效益，现就饲养管理与疫病防控技术总结如下。

1 品种的选择与要求

林下养鸡的品种要求是抗病力强、觅食能力强、机动灵活、羽毛丰满、羽色光亮美观、腿细、鸡肉风味佳。因此，适于林下养殖的鸡多为优良的地方土鸡品种。优良的地方土鸡品种包括肉蛋兼用型或肉用型土鸡，如新疆的拜城油鸡、北京油鸡、江苏的狼山鸡、河南的固始鸡、吐鲁番的斗鸡等。蛋用型土鸡品种有广东清远麻鸡、石岐杂鸡、绿壳蛋鸡等品种。优良的地方土鸡品种应具备的性能：林下生态养鸡活动范围大（一般半径为 $0.5 \sim 1km$），$30\% \sim 40\%$ 的饲料靠天然觅食，所以，要求品种灵活、易动、喜杂食，特别是食草性、啄虫性能强，抗病力强。不仅如此，放养时早出晚归，还要适应性强、合群性好，对天敌的自我逃脱能力强。而我国优良的地方品种土鸡，在过去传统饲养下，经过几百年的自然繁衍，能生存下来恰好就有这种特性和习性，善于野外奔跑和自由觅食，肌肉紧凑，肉中水分含量低，粗蛋白质及氨基酸含量高，肉质优良、肉品鲜嫩、营养丰富、滋补性好，而且羽毛浓密美观，补饲少、成本低，抗病力强，春季育雏，成活率可达到 98%。除地方优良的土鸡品种外，适于林下养殖的鸡还有现代培育出的高产蛋鸡的蛋公鸡，虽然比不上土鸡的性能和风味，但也能较适应林下放养。而近代培育出的其他高产蛋鸡和快大型肉鸡等品种，虽然其长速快、产蛋和产肉水平高，但其灵活性差，肉品质差，补饲量大，营养要求高，不适于林下放养。

2 环境的选择与控制

林下养鸡环境要求选择远离生活区、工业区、主干道、污水池塘的果林、平原林、山林等，但果林下养鸡在前期要防止啄果。这就要求林地上的天然饲草料资源越丰盛越好，如动物性饲料昆虫及嫩草、草籽、树叶等植物饲料。林地四周要设有围栏，为了提高林地的利用率和资源再生，可将林地用网隔成块实行轮牧放养。密植低的林地，也可以人工种植叶菜、饲草、豆科类植物等，如苜蓿草、茴香、大葱等，这样可提高林地的附植草料，从而提高放养鸡的肌肉品质及饲料蛋白。林地生态养鸡的饲养密度，与林地草料资源的丰富程度有关。一般每亩（1 亩 ≈ 667m²）林地可养 50 只左右，每群可饲养 200 ~ 500 只，过大或过小都不利于管理。为了防止农药中毒，提高鸡肉品质，林地生态养鸡要最大限度地减少农药、化肥、除草剂的使用量。

3 饲养的技术与管理

林下生态养鸡也是现代畜牧新技术与传统饲养的结合。饲养模式分两个阶段。第一阶段为舍内育雏阶段，采用现代养鸡新技术，封闭式高温育雏，全期42d（6周），饲喂全价配合育雏料。在育雏期要完成各种应免疫苗的免疫接种，育雏末期，平均体重达到 500g 以上，而且精神饱满、羽毛整齐、眼睛有神、行动灵活。培育林下鸡的育雏舍最好建在林地中间、地头，既作为育雏舍，也可以作为放养后的归巢，又有利于转群和放养。为了提高育雏鸡的成活率，出壳后的雏鸡应 24h 后开始饮用加入多维元素的凉开水。在饮水前，小鸡在育雏环境下要放够 2h。饮水后 2 ~ 5h 才能开食。选择高温网上育雏，是防止舍内温度波浪式忽高忽低的最佳模式；选择地面育雏要铺厚草垫，防止地温太低引起白痢、感冒及暴发球虫病。应做好舍内消毒，及时分群。包括接鸡前育雏舍消毒和接鸡后环境消毒，育雏密度由前期的 50 只/m² 左右，逐渐减小为5 ~ 8 只/m²，并按时接种疫苗，按体重大小分群并饲喂。育雏期末对各种疫苗的免疫效果进行监测评价。第二阶段为林下育成阶段，林下养鸡育成期的时间较长，一般为 90d 左右，为保证育成阶段能健康成长，其管理要求在林地中或地头建有归巢，既可避风遮雨，也可晚上夜宿、集中补饲、群体药物预防。由半放养逐步到全放养，注重调教驯化，如敲击脸盆、吹口哨、吆喝等，一般天亮放出，日落归巢。实行轮牧制有利于草地恢复和相对边远林地的充分利用。每两周进行称重，对达不到体重标准的鸡要分群放养。正确进行补饲，定点、定时、定量。补饲的时间一般在归巢后，补饲次数一天一次，地点在地头放置固定补饲槽或在归巢舍边。每次补饲量要结合体重标准，能剩余为好。补饲的饲料可选喂粒状原粮或育成期的全价饲料（多为体重偏轻者），还要根据想要获得的出栏鸡肉品味来选用饲料。有条件时，也可将菜叶、胡萝卜丝、瓜皮等作为补饲饲料。但不能撒在地上，防止污染。饮用流动的水，严防饮水器中的水在日光下暴晒或高温下久放，防止病原微生物繁衍。禁止饮用地上的雨水，以及水渠、池塘边的污水。补饲料槽、饮水器等要定期刷洗，保持清洁。要防兽害，如老鹰、地鼠、蛇、黄鼠狼。

4　疫病的预防与治疗

虽然优良的地方品种鸡抗病力强，适应性强，林下放养的鸡密度小、空气好，但为确保生态鸡健康，提高成活率，必须按照现代疫病防控技术对鸡马立克病、禽流感、新城疫、传染性法氏囊病、传染性支气管炎以及禽巴氏杆菌病、鸡白痢（沙门菌病）、大肠杆菌病等疾病进行疫苗和药物的预防，也要对肠道寄生虫病以及霉菌病、中毒病进行预防。按照现代育雏要求，一般在放养之前（50d）完成各种疫苗的免疫接种，有条件的要在放养前对各种疫苗，特别是禽流感、新城疫等免疫效果进行监测，对达不到免疫保护要求的要进行补免；如果有必要可在育成期（放养阶段）进行补免，必要时在80~90日龄时，追加一次禽流感、新城疫的免疫。在70日龄、110日龄时，根据需要应各驱虫一次，主要是消化道驱虫，可每只鸡0.5片鸡虫净研碎拌料。要防止气温变化引起感冒、农药中毒引起死亡，防止各种肠道菌引起鸡的腹泻。

5　生产的管理与效益

不同地区、不同季节、不同气候、不同林地生产管理均不同。新疆春秋短、夏冬长，开春晚、入冬早，夏季干燥炎热，冬季寒冷。因此，适宜的林下放养时间应在5月下旬至10月上旬，5个月左右。土鸡育雏期42d，育成期90d左右，出栏体重2kg左右。因此，最早计划8月出栏的鸡4月上旬接鸡，9月出栏的鸡5月上旬接鸡，10月出栏的鸡6月上旬接鸡。同一片林地一年可饲养生态鸡1~2批，每亩地放养密度50只左右，每群放养鸡以200~500只为宜。春雏（3—5月接鸡）比夏雏（6—7月）成活率高，实践证明，4月接雏的育成率要比6月高10%以上。

林下养鸡的成本与收入：每只林下生态鸡出栏时体重平均2kg左右，直接成本在15~20元（主要是鸡苗、饲料、人工费），而市场售价35元/kg，每只鸡出栏收入70元/只（如果论只不论斤卖，每只100元左右），净收入50元/只以上，每亩林地增加收入2 500元左右，每户增收（5~10亩林地）1.25

万~2.5万元，每年如果饲养两批，经济收入更高。林下生态养鸡，既有利于林地病虫害防治，减少农药及除草剂的使用，又可增加林地肥力，更重要的是利用自然资源，提高农民收入，为市场提供绿色、有机的禽肉和禽蛋，其生态效益、社会效益、经济效益均可观。推广林下生态养鸡技术和管理也有利于种植业和畜牧业的有效结合，推动绿色养殖业的健康发展。

本文原载 中国畜禽种业，2017（11）：149-150

新疆"拜城油鸡"的选育

1 拜城油鸡简介

拜城油鸡产于著名的龟兹文化发祥地——新疆阿克苏地区拜城县。拜城油鸡是新疆维吾尔自治区优良的地方品种,有着300多年的养殖历史,闻名于新疆乃至全国。该鸡种全身皮下脂肪分布均匀,在禽类中较为特别,"油鸡"因此得名。油鸡主要生长在牧区,以半坡或草原放养为主,主食青草、草籽、野果和昆虫,可以谷物补饲。其肉质细嫩,香味浓郁,营养丰富,烹调效果极佳,历来都是餐桌上的上品,备受人们喜爱。拜城县民间有育肥油鸡的传统和经验,育肥后的油鸡,肉质更加鲜美,是拜城人招待贵客和过年时才能享用的美食。尤其在新疆这片远离工业污染的天然草场上放养的油鸡,不仅味美,而且绿色健康。

拜城油鸡以黑色和黄黑麻羽色为主,胫脚多为青黑色。胸部前挺,尾羽发达上翘,羽毛紧凑贴身,体躯近似长方形。勤觅食,善飞行,平地可飞行20多米。农家饲养的油鸡,夜间多在庭院屋檐和树杈上栖息。日间在树林、草场上觅食。油鸡行动敏捷,警觉性高。

2 拜城油鸡选育工作的开展

拜城油鸡过去多在农村牧区百姓家中散养,牧民缺乏保种意识和育种措施,加上近30年来,大量外来鸡种的引进,对拜城油鸡产生了极大的冲击,杂交串配现象十分严重。从毛色、肤色到体形外貌,都有了不同程度的变异,对拜城油鸡的肉质和风味也产生了影响。纯种的拜城油鸡已濒临灭绝。因此,提纯和复壮拜城油鸡已是当务之急。

1995年,新疆农业大学动物科学学院课题组赴拜城县进行拜城油鸡的品种资源调查,掌握了较完整的第一手资料,也是拜城油鸡最原始、最完整的记载,并汇编了数千字的文字报告。2000年,课题组再次前往拜城县,对拜城油鸡进行了更细致的调查和了解,并对1995年的报告进行了补充和完善。2002年正式开始了"拜城油鸡品种资源保护和开发利用"课题研究,在新疆拜城县及其边远的山区寻找到极有限的拜城油鸡原始品种和少部分杂交程度较轻的油鸡。经过提纯、复壮、选育、扩繁等工作,在体形、外貌、羽色及其主要的生产性能等多个性状方面,获得了很好的纯化、统一、集中和提高。目前已获得了5 000多只拜城油鸡的纯繁后代,使濒危品种有望永存,使推广优质土鸡、发展土鸡市场有了根本的条件和基础，实为一件可贺的事。下一步将是大量繁殖推广油鸡，以供鸡苗的方式扶持农户，放归农村牧区，在自然的条件下进行开放式养殖（自由放养），同时加上科学的管理和防疫，使拜城油鸡向规模化发展。现已在拜城县建立一个规模为 2 500 套原种的拜城油鸡原种场，不断收集优良基因素材，丰富拜城油鸡的基因库，进一步提高拜城油鸡的品质，同时将纯繁的拜城油鸡放归自然养殖区繁衍，扩大种群数量。

3 拜城油鸡的选育指标

原始拜城油鸡生产性能偏低，年产蛋量仅 80~100 枚，生长速度慢，达到成熟体重需要 6~7 个月。受杂交冲击后的油鸡，其冠形、羽色、肤色、体形等外貌特征也杂乱不堪，必须进行严格的选育。

3.1 质量性状的选育指标

冠形：选留复冠或大单冠，因为这是拜城油鸡的典型特征。

色素：选留黑胫或青胫、黑喙，因为其屠体易区别于其他品种。

羽色：选留黑羽、黑黄麻、黄黑麻羽，因为这是中国土鸡较为普遍的主色，易区别于外来品种，也是广大消费者接受和认可的土鸡羽色。

胫骨和胸骨：胫骨粗长，胸骨长直，因为具有这种骨架的个体，体形大，生长速度快。另外，长直的胸骨对于在野外放养的油鸡起到保护内脏的作用，这也是长期大自然选淘的结果。

头、腹、肛：选留眼大、脸部清秀，腹大柔软，肛门湿润松弛的个体，因为具有这些特点的个体产蛋多。

3.2 数量性状的选育目标

产蛋量：年单产 180 枚以上。

受精率：90%以上。

孵化率：80%以上。

育成率：90%以上。

增重：120d 达到 2kg 以上。

4 选育方法

根据拜城油鸡的来源和现状，选育方法决定采取"群体品系育种法"，也称"多系祖系育种法"，即利用数只或数十只公鸡，和数十只或数百只母鸡来组成一个小群系，进行封闭饲养、记录、生产性能测定、系间杂交等选育工作。具体育种方案如下。

4.1 零世代基础群的组成

零世代基础群的组成在育种上的要求是由没有亲缘关系的公母鸡来组成，

在收集拜城油鸡时有意寻找了十几个相距较远的村落选购。因此，组成的零世代群体既是一个血缘关系较远的群体，也是一个优良、丰富的基因库。当然在这个基因库里，不需要的基因也会有，但从 800 多只个体中挑选出来的 250 只优良个体来组群，在这个基因库里，需要的优良基因占了主导地位，在以后的选育中会不断地纯化、集中、突出。

零世代的小群系是由经过精选的 30 只公鸡和 250 只母鸡组成。根据群体有效含量（Ne）和世代近交率的两个计算公式：$\Delta F = \dfrac{1}{2Ne}$ 和 $\dfrac{1}{Ne} = \dfrac{1}{2N} + \dfrac{1}{2N}$，计算出本零世代的群体有效含量为 107，世代近交率为 0.004 7，可见组群方案较合理，数据显示较理想。

4.2 群体闭锁

零世代一建立，就进行闭锁，不从外面引入新的个体，鸡场内采取了一切措施防止混群、串群，确保在闭锁群的繁殖过程中，使基因从分散到逐步集中固定，再加上人为的定向选育工作，利用优良基因、淘汰不利基因，尽量减少有利基因的随机漂变、漏失等现象。

4.3 随机交配

零世代组成后，先进行随机交配，因为群体中选择的都是具有 1~2 个优良性状的个体，是一个丰富的基因库，此时进行随机交配，基因组合的种类要比人为有意识地个体选配多，使各种基因都能获得表现的机会，增加选择素材的多样性，也可以减少基因漏失和随机漂变的概率，为充分发挥选择工作的作用创造前提。在进行到第四世代，获得了各种优良基因组合后，为了进一步使它们集中固定下来，把出类拔萃的个体开始有意识地进行个体选配，采用笼养人工授精使基因迅速纯合。

4.4 严格选择

围绕着建系的目标，考虑了其遗传力和遗传相关，进行叠代选育，而且每个世代的选育目标均一致（产蛋多、增重快、抗病抗逆性好 3 个主攻目标），使基因频率朝着一个方向改变，公鸡的选择强度按 1/10 选留，母鸡的选择强度在目前扩繁阶段按 2/3 选，群体数量扩大后（3 000 套），按 1/2 选留（公鸡、母鸡均留有备用），不合格者全部及时淘汰，避免混群、劣质基因重侵基因库。

4.5 缩短世代间隔

为了加快育种进度，采取两年三代的缩短世代间隔的繁殖方法，因为如果按照常规的种鸡繁殖方法一年繁殖一代，育种进度太慢，耗资增多，拜城油鸡的成熟期为 6 个月，两年繁殖三代有足够的周转时间，也是现代育种的重要措施。缩短世代间隔的根本前提是子代生产性能必须高于上一代，如果子代生产性能不如上一代，则世代间隔越短，退化越快。拜城油鸡的选育均是在每个子代生产性能超越上一代的情况下进行的。

到了第四代油鸡的年产蛋量已从 86 枚提高到 153 枚，120d 的体重已从 1.67kg 提高到 2.16kg，已达到了选育的第一阶段目标。此时，又开始了延长世代间隔的措施（一年一代），目的是保持已获得的优良特性，防止近交系数提高过快，造成生产性能衰退。

4.6 系间杂交，进一步提高鸡群生产力

在第五代拜城油鸡种群中，建立 3 个品系，即高繁系（产蛋多系）、速长系（增重快）和抗病系（抗病力强），3 个纯系再繁殖一代，到第六代即开始进行系间杂交，促使加性基因更加完善，使非加性基因产生显性、超显性和互作效应，从而获得更加高产、稳定、整齐的生产性能及生活力更强的杂交后代。

5 选育结果

5.1 生产性能指标

从拜城县寻购到的原始油鸡品种素材有 800 多只，经外貌和生理等指标的选择淘汰后，入选的个体只有 250 只，这 250 只入选素材，其体形、羽色、冠形、胫色、头、眼、腹部和耻骨等外貌与生理指标都比较统一、理想。但其基因型是杂合体而非纯合体，因此繁殖后第一代的羽色、胫色、体形和生长速度等性状出现了多样化，这些性状中，有些有利，符合选育要求；而有些性状不利，偏离了育种目标，这些不良基因，在饲养过程中，均在各不同阶段进行了淘汰。如此，叠代选育，经过了第四世代的选育与淘汰后，其基因趋向纯合，各生产性能指标有了明显的提高。

表 1 选育前后的生产性能指标对照

世代	年产蛋数/枚	120d 体重/kg	羽色纯化率/%	受精率/%	入孵蛋孵化率/%	育成率/%
0	86	—	—	73	66	—
1	97	1.67	76	86	78	86
2	112	1.76	87	90	80	91
3	131	1.96	96	93	81	96
4	153	2.16	99	95	81	97

5.2　对拜城油鸡的其他特性

5.2.1　改变拜城油鸡产蛋期的"冬歇性"

拜城油鸡产蛋期的"冬歇性"即冬季停歇不产蛋的特性。由于农家养鸡，均在户外越冬，在零下气温的环境下，鸡为了抗寒保存生命，所吃饲料均用于产热抗寒，没有多余的营养去形成鸡蛋和增重，所以农家鸡冬季停止产蛋和增重，形成了冬季停歇的特性，这种特性遗传给了后代。因此，必须改变"冬歇"为"冬产"，让鸡在冬季也正常产蛋和增重。改变这一特性采取的措施：适当提高冬季舍温，使舍温达到 8~15℃，但舍温不可过高，如果达到一般蛋鸡和肉鸡所需的 18~20℃ 舍温，对油鸡是不合适的，那样反而会降低油鸡的生活力和抗病力；重点选择冬季产蛋的个体留种，从基因角度去进行根本改变，使鸡群达到长年产蛋、增重，不存在季节性的障碍，从而提高产蛋量和增重速度。

5.2.2　消除就巢性

鸡的就巢性（抱性）是影响产蛋量的又一种劣质特性，必须设法消除。消除就巢性的方法有药物除抱、物理刺激除抱和穴位针灸除抱，但最彻底根除的方法还是选择淘汰，即基因筛除法。把存在抱性的母鸡全部淘汰清除，避免抱性通过遗传渠道传给后代。筛除了抱性，就可使母鸡多获得 1~2 个月的产蛋时间，其年产蛋量获得了明显提高。

5.2.3　保留拜城油鸡的耐粗饲、高消化力的特性

拜城油鸡在农牧区长期放牧，具有很强的吃草和杂食的能力及对高纤维的消化能力，因此，对饲料营养的吸收利用率很高。不需过高的能量蛋白饲料喂养，这无疑是一个节约饲料、增进健康的优良特性，为了保持这一特性，在饲料中配入较多的草粉和整粒原粮，以增强肠道的蠕动，提高消化率。并且专门研究了一套适合于拜城油鸡特点的高纤维、低蛋白、低能量的"一高两低"专用饲料配方和商品代育肥期专用的育肥料配方。既避免了在农家饲养时的采食量不足、营养成分不平衡的状态，又避免了因高能量、高蛋白饲料带来的浪费和疾病，特别是痛风。

本文原载　*新疆畜牧业，2008（1）：28-30*

林下饲养的新疆拜城油鸡的屠宰性能

拜城油鸡产于新疆维吾尔自治区阿克苏地区拜城县，中心产区位于拜城盆地边缘。2010 年 1 月 15 日，拜城油鸡被列入国家畜禽遗传资源名录。拜城油鸡是中国稀有的地方鸡品种之一，属肉蛋兼用型品种，分高矮脚和单冠、双冠，因鸡体态肥美、骨细肉多、肉质细嫩、香味浓郁、营养丰富而备受产区人民喜爱。

本试验饲养 1 日龄拜城油鸡 500 只，通过集中育雏 6 周（42d）以后进行林下放养，17 周龄（119d）时，随机挑选 40 只单双冠高矮脚公母鸡进行屠宰性能测试。

1　材料与方法

1.1　试验材料

拜城油鸡 500 只，通过育雏阶段长到 17 周龄时，随机选取 40 只单双冠高矮脚公母鸡进行屠宰性能测试。

1.2　测量方法

按照 NY/T 823—2004《家禽生产性能名词术语和度量统计方法》标准[①]进行操作，分别检测拜城油鸡宰前体重、屠体重、全净膛重和腹脂重。

1.3　饲养管理水平

42d 前采用全封闭式人工育雏，42d 后开始放养，由其自由采食林下杂草、昆虫，晚上补饲玉米等原粮。

2　结果与分析

拜城油鸡的主要屠宰性能结果见表 1。

表 1　拜城油鸡主要屠宰性能测定表

类别	性别	平均宰前体重/g	平均屠体重/g	平均全净膛重/g	平均腹脂重/g	平均屠宰率/%	平均全净膛率/%	平均腹脂率/%
高脚单冠	♂	2 192	1 994	1 575	21	90.97	71.85	1.31
	♀	1 644	1 382	1 012	32	84.06	61.55	3.06

---

①　该标准已被 NY/T 823—2020《家禽生产性能名词术语和度量计算方法》代替，全书下同。

（续表）

类别	性别	平均宰前体重/g	平均屠体重/g	平均全净膛重/g	平均腹脂重/g	平均屠宰率/%	平均全净膛率/%	平均腹脂率/%
高脚双冠	♂	2 373	2 132	1 561	31	89.84	57.03	1.95
	♀	1 631	1 411	1 063	22	86.51	65.17	2.03
矮脚单冠	♂	2 312	2 090	1 461	34	90.40	63.19	2.27
	♀	1 784	1 583	1 094	42	88.73	61.32	3.70
矮脚双冠	♂	2 232	2 002	1 451	41	89.70	65.01	2.75
	♀	1 701	1 521	982	50	89.42	57.73	4.84

注：宰前体重为鸡宰前禁食12h后称活重；屠体重为放血，去羽毛、脚角质层、趾壳和喙壳后的重量；屠宰率为屠体重和宰前体重的比率；全净膛重为屠体去除气管及所有内脏（包括食道、嗉囊、肠、脾、胰、胆囊和生殖器官、肌胃、心、肝、腺胃、肺、腹脂）及角质膜和头脚的重量。屠宰率（%）＝（屠体重/宰前体重）×100；全净膛率（%）＝（全净膛重/宰前体重）×100；腹脂率（%）＝腹脂重÷（全净膛重+腹脂重）×100。

3　分析与讨论

3.1　屠宰性能分析

通过测试，屠宰率最高的是高脚单冠公鸡（90.97%），最低的是高脚单冠母鸡（84.06%）；全净膛率最高的是高脚单冠公鸡（71.85%），最低的是高脚双冠公鸡（57.03%）；腹脂率最高的是矮脚双冠母鸡（4.84%），最低的是高脚单冠公鸡（1.31%）。高脚单冠公鸡的屠体率和全净膛率最高，腹脂率最低。公鸡的体重和屠宰率普遍比母鸡高，母鸡的腹脂率普遍比公鸡高。

3.2　与放养麻鸡和北京油鸡的比较

放养麻鸡、拜城油鸡和北京油鸡的主要屠宰性能如表2所示。

表2　放养麻鸡、拜城油鸡和北京油鸡屠宰性能表

品种	性别	出栏日龄/d	活重/g	屠体重/g	全净膛重/g	屠宰率/%
放养麻鸡	公鸡	128	2 607	2 387	1 614	91.54
	母鸡	128	2 030	1 858	1 260	91.51
放养高脚单冠拜城油鸡	公鸡	119	2 192	1 994	1 575	90.97
	母鸡	119	1 644	1 382	1 012	84.06
放养北京油鸡	公鸡	108	1 660	1 470	1 080	88.5
	母鸡	108	1 460	1 270	890	86.9

从表2可知，各品种出栏日龄都在110日龄左右，公鸡的出栏体重由高到低依次为麻鸡（2 607g）>拜城油鸡（2 192g）>北京油鸡（1 660g），母鸡的出栏体重由高到低依次为麻鸡（2 030g）>拜城油鸡（1 644g）>北京油鸡（1 460g）。公鸡屠宰率由高到低依次为麻鸡（91.54%）>拜城油鸡（90.97%）>北京油鸡（88.5%），母鸡屠宰率由高到低依次为麻鸡（91.51%）>北京油鸡（86.9%）>拜城油鸡（84.06%）。麻鸡属于快大型肉鸡，而拜城油鸡和北京油鸡均属于地方品种的土鸡。虽然麻鸡比油鸡增重快，出栏体重大，但其肉质不如油鸡，而且在饲养过程中，适应性较差，户外捕食能力较差；而拜城油鸡与北京油鸡比较，其在同一环境下饲养，拜城油鸡出栏体重、屠宰率均大于北京油鸡。

4 小结

拜城油鸡成活率高、适应性强，特别是公鸡外表美观，分高脚矮脚、单冠（玫瑰冠）双冠（豆冠），有斗鸡的形态，羽色靓丽，自然生存能力强，采食谷物青草，觅食半径大，特别适于户外放养。近年来，经过新疆农业大学钟元伦教授科研团队的培育扶壮，已经实现规模化生产，其天性特别适于在自然条件下放养。放养的拜城油鸡绿色无公害、无药残，屠宰后其肉质鲜美，营养丰富，可以满足人们回归自然的消费需求。新疆属于"瓜果之乡"，有较大面积的果林和草地，种养结合，推广生态养鸡，既可保护环境，也能达到林地除草除虫的作用，减少农药使用，降低种植成本和饲养成本，更能提高市场无公害食品的供应，满足消费者需求，还可以帮助农牧民多元增收，因此，在新疆应大力推广拜城油鸡生态养殖模式。

本文原载 国外畜牧学—猪与禽，2017（12）：26-27

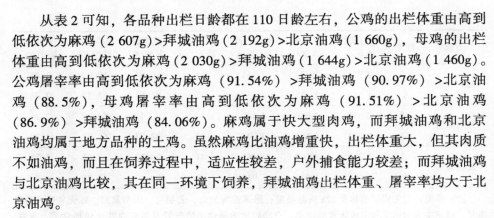

北京油鸡在新疆林下养殖的性能

摘要： 引进1 000只北京油鸡，0~6周龄全舍饲养，从7周龄开始果林下养殖，15周龄公鸡、母鸡平均体重1 674g，成活率85%。108d时，公鸡屠宰率为88.5%，母鸡屠宰率为86.9%。

关键词： 北京油鸡；林下饲养；性能

北京油鸡也称"中华宫廷黄鸡"，属北京地区特有的地方优良品种鸡，距今已有300年历史，是优良的肉蛋兼用型品种，有凤头、毛腿、胡子嘴的特征。2016年6月引进商品代北京油鸡1 000只，利用果林下丰盛的青草资源，进行林下饲养试验，并对其各项性能进行了测试。

1 饲养管理

育雏阶段（0~42d）采用全封闭式舍内高温育雏。舍内温度由第一周的35℃左右，每周逐渐下降2℃，由于适逢本地区炎热季节，从第四周起室外温度已达到38℃，而室内温度一直在28℃左右，湿度保持在40%、光照40m²的育雏舍配置两盏60W灯泡，每天熄灯2h，地面铺垫麦草，育雏第一周饮用凉开水，水中按量加入电解多维，雏鸡阶段饲喂肉鸡前期配合料：粗蛋白质≥20%，粗纤维≤6.0%，钙0.50%~1.20%，总磷≥0.5%，粗灰分≤7.5%，氯化钠0.15%~0.80%，水分≤13.8%，蛋氨酸和胱氨酸≥0.80%。

育成阶段（43~108d）转入桃林下放养，白天林下温度不超过30℃，晚上较低，放养前期，早晨天亮时，人工赶到林下觅食，天黑赶回棚舍内，后期不需要人赶，油鸡可自行进出，林下地头放置饮水器供白天油鸡饮水，晚上回到棚舍进行补饲，饲喂料采用肉鸡后期配合料：粗蛋白质≥17%，粗纤维≤6.0%，钙0.60%~1.20%，总磷≥0.55%，粗灰分≤7.0%，氯化钠0.3%~0.80%，水分≤14%，含硫氨基酸≥0.60%。

2 疾病预防

育雏、育成阶段没有进行抗菌药物预防，只按照免疫程序进行免疫。

表1 雏鸡免疫程序

雏鸡日龄/d	疫苗种类	接种方法
1	马立克 CV1988 液氮苗	皮下注射（出厂已免）
6	新城疫-传支 H120 二联冻干苗	滴鼻、点眼

（续表）

雏鸡日龄/d	疫苗种类	接种方法
12	法氏囊病冻干苗	倍量饮水
16	新城疫-传支二联-禽流感 H9 三联油苗	皮下注射
	新城疫-传支二联冻干苗	滴鼻、点眼
21	禽流感二价（H9H5）油苗	颈部皮下注射
26	法氏囊病冻干苗	饮水
32	新城疫-传支 H5 二联冻干苗	滴鼻、点眼
	新城疫-禽流感 H9 二联油苗	颈部皮下注射
40	禽流感 H5 油苗	皮下注射

注：传染性支气管炎简称传支。

3 性能表现

由于果林下养殖是伴随着鲜桃的成熟和采摘，9 月底果园罢园后，随着新疆天气变凉以及中秋节、库尔邦节、国庆节的来临，这批试养的油鸡最长饲养期仅为 108d（15.4 周），整个饲养期性能表现如下。

3.1 生长性能表现

每周按时随机称重、统计死亡数和耗料，见表 2。

表 2　饲养期体重、采食量和成活率

周龄/周	成活率/%	平均采食量/g	周平均体重/g	料重比
1	86	38.89	52.4	—
2	99.5	63.48	79.8	—
3	100	74.88	116.4	—
4	99.5	109.78	213.0	—
5	97.7	159.09	324.3	—
6	100	231.10	389.6	—
7	100	299.04	434.8	—
8	100	370.81	502.3	—
9	100	454.54	611.4	—
10	100	502.39	721.4	—
11	100	550.23	925.4	—
12	100	505.23	1 295.0	—
13	100	503.5	1 455.0	—
14	100	496.99	1 584.0	—
15	100	418.41	1 674.0	—
合计	85.6	4 778.36	1 674.0	2.85

3.2 抗病性能表现

50 日龄时对禽流感、新城疫、白痢伤寒抗体进行监测。禽流感 H5 免疫抗体合格率为 80%，新城疫免疫抗体合格率为 73%，鸡白痢、伤寒抗体合格率 20%。

表 3 50 日龄时禽流感、新城疫、白痢伤寒抗体监测结果

项目	禽流感 H5 抗体 ≥4log2	新城疫抗体 ≥5log2	鸡白痢、伤寒抗体
监测血清数量/份	24/30	22/30	6/30
合格率/%	80	73	20

3.3 屠宰性能表现

108d 时对公母油鸡进行屠宰性能测试。屠宰率为公鸡 88.5%，母鸡 86.9%；全净膛率为公鸡 65%，母鸡 60.9%。

表 4 108d 屠宰性能

性别	平均活体重/kg	平均屠体重/kg	平均全净膛重/kg	平均屠宰率/%	平均全净膛率/%
♂	1.66	1.47	1.08	88.5	65.0
♀	1.46	1.27	0.89	86.9	60.9

注：屠体重为放血、去毛、去脚鳞、趾壳、喙；全净膛为去头、气管、嗉囊、食道、胃、肠、心、肺、肝、脾、胆囊、生殖器、脚。

4 分析讨论

4.1 适应性

新疆最显著的气候特点是夏季炎热，气候干燥，昼夜温差大。虽然夏季环境温度干热，但林下较凉爽、潮湿，特别是夜晚温度降低，因此适于林下放养。该批试验鸡在第一周时由于长途运输有脱水现象，加上从北京到新疆短时间内气温、湿度等变化较大，各种外界应激造成死亡较大。但从第二周开始逐渐稳定，特别是后期几乎表现为零死亡。从生长性能分析第 15 周（105d）时公母平均体重达到 1 674g，公母平均料重比为 2.85，均高于品种介绍的同期体重和料重比。本试验说明北京油鸡在新疆林下养殖适应性较强。

4.2 抗病性能

虽然新疆有极强的气候特点，特别是炎热干燥、温差大，但该批试验鸡没有发生呼吸道和消化道疾病。虽然 50 日龄时监测鸡白痢、伤寒感染率为 20%，但后期通过放养发病率较低，几乎没有出现死亡，一方面说明北京油鸡这种地方品种本身的抗病力较强，另一方面也说明该品种鸡适于放养，其原始的本性和潜能得到了发挥。

4.3 屠宰性能分析

通过测试，108d 公鸡屠宰率为 88.5%，母鸡屠宰率为 86.9%。虽然低于放养的快大型、中型鸡，但饲养成本低，肉质优良。本试验在测试油鸡屠宰性能时，由于该批试验鸡从 90d 起开始，2kg 左右的鸡陆续出售，待测试时有 1/3 较大的鸡几乎售完，所以对所测试试验真实的屠宰性能有影响，而实际平均性能还要高。

4.4 效益分析

北京油鸡属于轻型鸡，与快大型鸡不同，其饲养成本低，消费性价比高，特别是在果林下养殖，树上有鲜果，树下养土鸡，既环保又安全，是城郊旅游观光、采摘品尝的最佳模式。每只鸡的林下饲养直接成本在 15 元左右，活鸡出售每只在 80~150 元不等，而且供不应求，虽然饲养期较长，但经济效益十分可观。

4.5 饲养技术分析

林下饲养有以下三个要点。一是要选好品种，最好选地方品种，其耐粗放，适应性强，抗病力强，还有食草、食虫、爱运动的天性，虽然体重较轻，但肉质鲜美，适口性好，而快大型或中型品种鸡，虽然其生长速度快，但肌丝粗，香味不足。二是要进行补饲。补饲有两种，第一种是补全价肉鸡料，长肉快，特别是到了后期鸡的骨架长成后可提高屠宰率；第二种是补未加工的颗粒饲料，如玉米、麦子等，虽然屠宰率低，但肉质与口感截然不同。三是要在放养之前对禽流感、新城疫等进行免疫抗体监测，因为后期散养阶段较长，一般不提倡再进行免疫接种，如果免疫抗体保护率较低，则在放养前必须再进行一次免疫接种，以保障育成期安全。

5 小结

新疆是"瓜果之乡"，不但果树面积较大，林木、草场面积也都大，利用自然资源，大力发展林下养鸡、草场养鸡既可提高农牧民收入，又可给广大消费者提供优质绿色有机鸡肉。特别是利用果园开展果林下养殖，对提高果农收入意义较大。丰收年可起到种植、养殖双丰收，灾年也可起到互补作用。发展果林下养鸡最好是果成熟与鸡出栏时节一致，这样不但好卖而且能卖出好价钱。

本文原载 新疆畜牧业，2016（11）：38-39，48

林下饲养的北京油鸡肌肉嫩度和肉色

摘要：为研究北京油鸡公鸡母鸡肌肉剪切力和肉色，选取同一饲养环境下120日龄林下北京油鸡公、母鸡各10只，测定同一性别不同部位和不同性别不同部位肌肉嫩度（用剪切力表示）。结果表明，剪切力方面，同一性别不同部位肌肉剪切力差异极显著（$P<0.01$）；不同性别相同部位肌肉剪切力差异极显著（$P<0.01$）；肉色方面，公鸡腿肌比公鸡胸肌的肉色深，母鸡腿肌比母鸡胸肌肉色深，公鸡腿肌比母鸡腿肌肉色深。试验证明，公鸡腿肌肉质最嫩，肉色最深。

关键词：北京油鸡；嫩度；肉色

北京油鸡也称"中华宫廷黄鸡"，属北京地区特有的地方优良品种鸡，距今已有300年历史，是优良的肉蛋兼用型品种，有凤头、毛腿、胡子嘴的特征。北京油鸡商品鸡肉质优良，皮下脂肪丰富，颜色微黄。肌纤维细腻，肉质滑嫩，营养丰富。经研究发现，北京油鸡肌肉中游离氨基酸、肌内脂肪及不饱和脂肪酸等风味物质的含量显著高于其他鸡种，因此，北京油鸡香味浓郁，口味鲜美，烹调时即使只加水和盐清煮，鸡汤也非常鲜美，无任何腥味。该品种更适合于林下散养，其抗病力强，适应性好。虽然体形轻，但饲养成本低，目前，国内对林下饲养的北京油鸡肉品质研究较少，本研究对120日龄北京油鸡的鸡肉嫩度和肉色进行测定，旨在为北京油鸡的推广提供理论依据。

1 仪器

C-LM3B型数显式肌肉嫩度仪（东北农业大学工程学院）。Chromameter CR-400型色泽器（日本）。

2 嫩度、肉色测量方法

按照NY/T 1180—2006《肉嫩度的测定 剪切力测定法》进行测定。

2.1 嫩度测定

取样与方法：肉样准备，宰后2h于胸肌、腿肌顺鸡肉纤维走向切成直径1.27cm的肉柱，装入塑料袋中，隔水煮3min（肉条中心温度达到85℃即可），迅速冷却至室温后编号，用C-LM3B型数显式肌肉嫩度仪测定其剪切力，每个样本重复10次。测定结果见表1。

表 1　不同部位剪切力

部位	GT	GX	MT	MX
剪切力（kg/f）	7.7±0.33	2.82±0.19	5.39±7.76	2.16±0.09

2.2　肉色测试

宰后 24h 用 Chroma meter CR-400 型色泽器（日本）检测左腿肌、左胸肌颜色，其结果见表 2。

表 2　不同性别不同部位肉色值

部位	L	a	b
GT	42.01±0.61	22.21±0.35	10.00±0.51
GX	52.95±0.37	4.67±0.15	17.12±0.32
MT	52.28±0.57	21.077±0.65	17.65±0.57
MX	52.76±0.47	4.46±0.14	20.73±2.092

注：L 为亮度，a 为红度，b 为黄度。GT 为公鸡腿肌，GX 为公鸡胸肌，MT 为母鸡腿肌，MX 为母鸡胸肌，下同。

3　数据分析

数据以"平均值±标准误"表示，用 SPSS 22 版本统计软件建立数据库并处理数据，组间差异用独立性 T 检验法分析。

3.1　嫩度分析

不同部位之间剪切力比较结果见表 3。

表 3　不同部位之间剪切力比较

剪切力	数量	公鸡			母鸡		
		GT	GX	P 值	MT	MX	P 值
kg/f	2	7.7±0.33[A]	2.82±0.19[B]	0.00	5.39±7.76[A]	2.16±0.09[B]	0.00
N	2	68.14±3.22[A]	32.36±0.35[B]	0.00	51.83±0.31[A]	21.81±0.61[B]	0.00

注：不同大写字母表示差异极显著（$P<0.01$），相同大写字母表示差异不显著（$P>0.05$）。

不同性别相同部位之间比较结果见表 4。

表 4　不同性别相同部位之间剪切力比较

剪切力	数量	腿肌			胸肌		
		GT	MT	P 值	GX	MX	P 值
kg/f	2	7.7±0.33[A]	5.39±7.76[B]	0.002	2.82±0.19[a]	2.16±0.09[b]	0.01

（续表）

剪切力	数量	腿肌			胸肌		
		GT	MT	P 值	GX	MX	P 值
N	2	68.14±3.22^A	51.83±0.31^B	0.001	32.36±0.35^a	21.81±0.61^b	0.01

注：不同大写字母表示差异极显著（$P<0.01$），相同大写字母表示差异不显著（$P>0.05$），相同小写字母表示差异显著（$P<0.05$）。

　　由表3、表4可知，公鸡、母鸡腿肌剪切力均大于胸肌，公鸡腿肌和胸肌剪切力分别大于母鸡腿肌和胸肌剪切力，公鸡腿肌剪切力最大，母鸡胸肌剪切力最小。

3.2　肉色分析

　　不同部位之间肉色比较结果见表5。

表5　相同性别不同部位之间肉色比较

部位	L	a	b
GT	42.01±0.61	22.21±0.35	10.00±0.51
GX	52.95±0.37	4.67±0.15	17.12±0.32

　　不同性别不同部位之间肉色比较结果见表6。

表6　不同性别不同部位之间肉色比较

部位	L	a	b
GT	42.01±0.61	22.21±0.35	10.00±0.51
MX	52.76±0.47	4.46±0.14	20.73±2.092

　　不同性别相同部位之间肉色比较结果见表7。

表7　不同性别相同部位之间肉色比较

部位	L	a	b
GT	42.01±0.61	22.21±0.35	10.00±0.51
MT	52.28±0.57	21.077±0.65	17.65±0.57
GX	52.95±0.37	4.67±0.15	17.12±0.32
MX	52.76±0.47	4.46±0.14	20.73±2.092

由表 5 至表 7 可知，公鸡、母鸡胸肌亮度均大于腿肌，公鸡胸肌亮度值最大；公鸡、母鸡腿肌红度均大于胸肌，公鸡腿肌红度值最大；公鸡、母鸡胸肌黄度值均大于腿肌，母鸡胸肌黄度值最大。

4 结果分析

（1）肌肉嫩度是用剪切力来表示，剪切力值越大嫩度越小，嫩度是决定肌肉口感的主要指标，肌肉质地越好，肌肉纤维越细，肌肉越细嫩。肌肉嫩度是由鸡肉中结缔组织，肌原纤维、肌浆等 3 种蛋白质组成，是决定肉品质的主要物质。不同性别、不同部位肌肉嫩度不一，从试验可知，公鸡腿肌和胸肌嫩度均小于母鸡，说明公鸡肌肉食用时咀嚼感比母鸡好，公鸡腿肌剪切力最大，口感最好。

（2）肉色（主要是亮度、红度、黄度）是肉质的重要性状之一，主要由肌红蛋白、氧合肌红蛋白和高铁肌红蛋白的状态和相对含量决定，是反映肌肉生理、生化及微生物学变化的综合指标。试验结果表明，不同性别、不同部位肌肉亮度、红度、黄度都不相同，公鸡胸肌亮度值最大，公鸡腿肌红度值最大，母鸡胸肌黄度值最大。

5 讨论

近年来，随着人们对优质土鸡消费需求的增加，与普通土鸡相比，北京油鸡具有外貌奇特、肉蛋品质优良，抗病力强耐粗饲的特点，适合林下放养，具有很强的市场竞争能力。本试验为北京油鸡在新疆地区推广，特别为林下饲养提供技术支持，证明北京油鸡肉质好，值得推广。

本文原载 中国畜禽种业，2018（4）：137-138

北京油鸡新疆林下养殖的肌肉品质

摘要：本试验旨在研究北京油鸡在新疆林下养殖条件下的肌肉品质。随机选取同一条件下饲养的 120 日龄北京油鸡公鸡和母鸡各 10 只，测定其常规肉品质、肌肉化学指标。结果表明，北京油鸡公鸡、母鸡腿肌肉色比胸肌肉色深；公鸡、母鸡腿肌剪切力分别为 7.7kg/f 和 2.82kg/f，极显著高于胸肌（$P<0.01$）；公鸡、母鸡胸肌的粗蛋白质含量分别为 25.05% 和 24.85%，极显著高于腿肌（$P<0.01$）；公鸡、母鸡腿肌的粗脂肪含量分别为 27.85% 和 41.80%，极显著高于胸肌（$P<0.01$）。由此可知，北京油鸡具有肉色深、肉质细嫩、肉品质好等特点，是一个非常优良的地方鸡种，可以在新疆推广。

关键词：北京油鸡；肉色；嫩度；粗蛋白质；肌内脂肪

北京油鸡，又名"中华宫廷黄鸡"，原产于京郊，以外型独特、肉味鲜美而著称，是我国珍贵的优良地方鸡种。十二师位于新疆乌鲁木齐近郊，有丰富的桃园和林地，2017 年引进 1.3 万只北京油鸡，利用桃园和林地丰富的饲料资源，如动物性饲料昆虫以及嫩草、草籽、树叶等植物饲料进行林下生态养殖。本试验随机选取 120 日龄公鸡和母鸡各 10 只，进行肌肉品质测定，为北京油鸡在新疆的推广提供数据支持。

1 材料与方法

1.1 试验材料

随机选取新疆地区林下同一环境下饲养的 120 日龄北京油鸡公鸡和母鸡各 10 只，禁食 8h 后统一屠宰，脱毛，去除喙、脚鳞后送实验室取样。

1.2 主要仪器

CPA225D 电子天平，BSA124S-CW 电子天平，Chroma meter CR-400 型色泽器（日本），C-LM3B 型数显式肌肉嫩度仪（东北农业大学工程学院），KJELTEC8400 全自动凯氏定氮仪，DELTAS20 酸度计。

1.3 检验项目和依据

测定色泽、嫩度（NY/T 1180—2006）、含水率（GB 5009.3—2016）、失水率、粗蛋白质、肌内脂肪（GB/T 6433—2016）、鸡肉 pH_1、鸡肉 pH_{24}（GB 5009.237—2016）。

1.4 取样与测定

肉色：宰后 24h 内用色泽器测定左腿肌、左胸肌颜色。

23

嫩度：准备肉样，在胸肌、腿肌上切取直径 1.27cm 肉柱（顺肌肉纤维走向），装入保鲜袋中，在水浴锅中隔水煮至肉条中心温度达到 85℃，快速冷却到室温后按顺序编号，用肌肉嫩度仪测定其剪切力，每个样本重复 10 次。

含水率：按照 GB 5009.3—2016《食品安全国家标准 食品中水分的测定》方法进行测定。

滴水损失：切取胸肌、腿肌各 3.0～4.0g，精确称重，以 4 000r/min 离心 20min，取出肉样后用滤纸吸取肌肉表面水分后称重，滴水损失一般用失水率表示，失水率 =（离心前肉样重 - 离心后肉样重/离心前肉样重）× 100%。

pH 值测定：宰后 45min 内取样快速测定 pH 值（pH_1），然后将样本置于 4℃ 冰箱保存，待 24h 后取样快速测定 pH 值（pH_{24}）。

粗蛋白质的测定：用杜马斯燃烧法测定粗蛋白质含量，称取 100mg 肉样放入 KJELTEC8400 全自动凯氏定氮仪，仪器自动测定。

肌内脂肪的测定：按照 GB 5009.6—2016《食品安全国家标准 食品中脂肪的测定》中第二法的酸水解法进行测定。

2 结果

2.1 肉色

不同性别不同部位肉色值见表 1。

表 1 不同性别不同部位肉色值

部位	L	a	b
GT	42.01±0.61	22.21±0.35	10.00±0.51
GX	52.95±0.37	4.67±0.15	17.12±0.32
MT	52.28±0.57	21.07±0.65	17.65±0.57
MX	52.76±0.47	4.46±0.14	20.73±2.092

注：L 为亮度，a 为红度，b 为黄度，GT 为公鸡腿肌，GX 为公鸡胸肌，MT 为母鸡腿肌，MX 为母鸡胸肌，下同。

2.2 嫩度

不同部位剪切力见表 2。

表 2　不同部位剪切力

部位	GT	GX	MT	MX
剪切力/（kg/f）	7.7±0.33	2.82±0.19	5.39±7.76	2.16±0.09

2.3　滴水损失（失水率）

不同部位失水率见表 3。

表 3　不同部位失水率

部位	GT	GX	MT	MX
失水率/%	6.6±1.2	5.7±1.0	4.4±0.1	4.9±0.5

2.4　pH 值测定

不同部位 pH 值见表 4。

表 4　不同部位 pH 值

部位	pH_1	pH_{24}
GT	6.25±0.15	5.91±0.07
GX	5.83±0.01	5.78±0.01
MT	6.32±0.20	5.96±0.05
MX	5.93±0.10	5.67±0.05

2.5　粗蛋白质和肌内脂肪

不同部位粗蛋白质和肌内脂肪值表 5。

表 5　不同部位粗蛋白质和肌内脂肪值

部位	粗蛋白质	肌内脂肪
GT	20.35±0.15	27.85±2.15
GX	25.05±0.15	9.25±0.45
MT	21.10±0.10	41.80±2.90
MX	24.85±1.15	20.65±1.75

3　结果分析

（1）肉色是肉质的重要性状之一，包括亮度、红度、黄度，主要由肌红蛋白、氧合肌红蛋白和高铁肌红蛋白的状态和相对含量决定，是反映肌肉生理、生化及微生物学变化的综合指标。测定结果表明，公鸡胸肌亮度最大、公鸡腿肌红度最大、母鸡胸肌黄度最大，综合亮度、红度和黄度可知，公鸡腿肌比公鸡胸肌肉色深，母鸡腿肌比母鸡胸肌肉色深，公鸡腿肌比母鸡腿肌肉色深。

（2）肌肉嫩度是指肌肉的鲜嫩程度，是决定肌肉口感的主要指标，是评定肉质的决定因素和最重要的感官特征。嫩度一般用剪切力表示，剪切力值越大，嫩度越小，肌肉纤维越细，肌肉质地越好，肌肉越细嫩，不同性别、不同部位肌肉嫩度不一。从试验可知，公鸡、母鸡腿肌比公鸡、母鸡胸肌肉嫩，公鸡腿肌比母鸡腿肌肉质嫩，说明公鸡肌肉食用时的咀嚼感比母鸡好。

（3）系水力是指在受到外力作用时肌肉蛋白质保持其所含水分的能力，也叫保水性，是肉质的一项重要指标，直接影响肉的质地、营养成分、嫩度、多汁性、风味、色泽等，一般用失水率或滴水损失来衡量系水力。滴水损失与品种、年龄、性别、肌肉部位、宰前宰后肉的变化等因素相关，北京油鸡的肌肉含水率为 70.1% 左右。从滴水损失试验可知，母鸡比公鸡低，腿肌比胸肌低，说明母鸡系水力更强。

（4）pH 值是反映宰杀后肌肉肌糖原被各种酶酵解速率的重要指标，在一定范围内降低肌肉 pH 值对改善肉的品质有利，如果 pH 值在宰后 45min 内下降幅度过大，肉就会变得多汁、苍白，风味和系水力很差，称为白肌肉（PSE 肉）；如果宰后 pH 值仍高于 6.2，那么这种肉称为黑干肉（DFD 肉），系水力好，但颜色较暗，保存性差。因此，pH 值对肉色、系水力、嫩度、风味、保存期都有影响，从试验可知，肌肉的 pH 值均在正常范围内，腿肌 pH 值高于胸肌，公鸡母鸡间差异不显著。

（5）粗蛋白质和肌内脂肪。蛋白质水平是衡量肉品质的重要指标，蛋白质含量过高或过低都会对肉的风味和嫩度造成不利影响。肌内脂肪的含量与肉的风味呈正相关，从试验可知，粗蛋白质含量均在 20% 以上，胸肌（24% 以上）高于腿肌，公鸡胸肌高于母鸡胸肌，母鸡腿肌高于公鸡腿肌；而肌内脂肪含量差异较大，但腿肌高于胸肌，母鸡腿肌高于公鸡腿肌。

（6）蛋白质和脂肪是影响肌肉品质的两个重要因素。蛋白质是肌肉干物质的主要成分，虽对肌肉风味无直接影响，但在肉成熟过程中，影响肉香味的形成。肌内脂肪是指沉积在肌肉内的肌纤维与肌束间的脂肪，它由肌内脂肪组织和肌纤维中的脂肪组成，不仅影响肉的嫩度，而且与肉质的多汁性、风味和营养价值有关。从研究结果可知，北京油鸡公鸡、母鸡胸肌粗蛋白质含量高于腿肌，说明胸肌的营养价值高；腿肌的肌内脂肪含量高于胸肌，说明腿肌脂肪沉积能力比胸肌强，肉质风味好，这也是人们喜欢吃鸡腿的原因之一。

4　结论

从本研究结果可知，北京油鸡肌肉颜色深，肌肉肉质细嫩，蛋白质含量高，脂肪含量低，是一个非常优良的地方鸡种，可以在新疆推广。

本文原载　国外畜牧学-猪与禽，2018（4）：24-26

第二部分

麻鸡的杂交选育

麻羽肉鸡的杂交选育

摘要：以南宁麻鸡为母本，以安卡鸡为父本的合成杂交，通过科学选育，开发新疆中速型麻羽肉鸡新品系，在羽色、肉质及抗逆性等方面，既兼顾了养殖户的利益，又满足了消费者的需求，更有利于麻羽肉鸡向更高层次发展。

麻羽肉鸡是继快大型肉鸡、三黄鸡之后我国内地从地方品种资源中培育出来的品种，属慢速型品种，其羽色和肌肉品质受到大部分消费者的喜爱，但纯种麻鸡生长速度较慢，饲养期长，饲养成本较大，影响养殖户的经济效益，因此，在效益与成本之间，在肉质与生产性能之间，选育开发中速型麻羽肉鸡就成为家禽业育种的方向。

1 新疆麻羽肉鸡选育和开发的背景

新疆地处内陆，人口 2 000 余万人，近年来，随着经济和社会的发展，人民生活水平和饮食标准得到较大提高，对肉食品的消费量不但越来越大，而且消费质量也越来越高，虽然新疆在传统畜牧业中属于全国前列，但是随着退牧还草项目的实施以及草原退化，人口增长等因素的影响，草原畜牧业已逐渐萎缩，牛羊肉生产供应不但外销下降，而且内供也成困难，使得牛羊肉的价格不断上升，这就促使近年来新疆养猪业和养禽业得以快速发展，猪肉、禽肉的消费已逐渐替代牛羊肉，但是新疆又属于多民族地区，因此禽肉在今后的消费中将起到主导作用。

新疆禽肉的消费基本上主要停留在胴体消费水平上，鸡肉的分割包装和深加工比较滞后，虽然"肯德基""麦当劳"等餐饮企业已在大中城市开业，但是由于消费档次较高，比起鸡肉的胴体消费量还非常小，而且在鸡肉的胴体消费方面，主要是快大型白羽肉鸡、黄羽肉鸡和麻羽肉鸡以及淘汰蛋鸡。在肉鸡消费品种中，目前价格较高的是麻羽肉鸡，因其羽色、肉质深受消费者喜爱，而且这种消费趋势仍在不断扩大。

麻羽肉鸡非新疆的种质资源，新疆麻羽肉鸡的来源主要途径有两种，直接从内地空运；引进后自繁自养。目前，新疆市场的麻鸡主要是皖南麻鸡和柳州麻鸡以及其杂交后代，靠空运不但成本大，而且质量无保证，也不利于控制疫病的传入，而且引进后在自繁自养方面存在一些问题，一是规模小，不能满足新疆市场需求；二是乱留种、不选种或乱杂交，不但商品鸡质量性能变差，而且搅乱了禽苗市场，浪费了地区的饲料资源，影响了农牧民收入，还制约了麻鸡产业的发展，因此选育新疆的麻羽肉鸡配套品种，开发新疆麻羽肉鸡消费市场是很有必要的。

2 新疆麻羽肉鸡的选育方向

2.1 羽色

根据消费者对麻羽鸡的喜爱，培育出的商品代肉鸡羽毛颜色应以麻色为主，可以是麻色与黑色相间的黑麻鸡；麻色与红色相间的红麻鸡；麻色与黄色相间的黄麻鸡。这种颜色对消费者来讲，有一种饮食回归自然的感受。

2.2 肉质

优质型肉鸡是消费者的追求，除羽色外观吸引消费者外，在鸡肉的风味、滋味、口感、颜色、营养、嫩度、品质等方面应优于快大型肉鸡和黄鸡。

2.3 生产性能

纯种土种麻鸡生产性能较低，而快大型肉鸡生产性能虽高，但肉品质较差，因为性能和品质取决于品种遗传，也取决于生长速度及饲养管理、环境等因素。因此，选育出的商品代麻鸡出栏日龄应控制在 70 日龄左右（中速水平），体重在 2.5kg 左右，料肉比为 2.5~2.7，这样生产性能、成本效益、鸡肉品质等就可以得到协调。

2.4 抗逆性能

新疆属于强大陆性气候，不但冬季较长，春秋较短，而且冬季寒冷，夏季炎热，温差较大，在鸡舍控温方面投入成本大、效果较差，特别是越高产的鸡品种，在新疆养殖时，疾病相比较而言越多。因此，在抗逆性和抗病力方面，选育的品种要能适应新疆的气候特点。

2.5 饲养方式

快大型肉鸡适于圈养，纯种慢速型土鸡适于放养，新疆地域辽阔，水、土、光、温度、草等资源丰富，特别是林果业的发展，有利于家禽放养，因此，要适于放养，既要有肉鸡的特性，也要有草鸡的特点。

3 种鸡配套品系的选种、选配

鉴于以上育种的方向，可以选择地方麻鸡与"安卡"肉鸡二系杂交的模式，母系以南宁麻（或柳州麻）为母本，父系以安卡红或安卡麻为父本（图1），因为南宁麻或柳州麻都是经过提纯和复壮的地方品种，遗传力较稳定，其羽色和肉质基本达到了新疆麻羽肉鸡选育的方向，而选择安卡红和安卡麻为父本也主要是取其杂交后代羽色遗传显性的特点，这两个品种杂交后，可确保商品子代羽色显性基因不分离。另外"安卡"品系肉鸡经过国内外多年的选育，遗传基因较纯，不但在羽毛颜色上符合选育方向，而且生长速度较快，两者杂交后，可使商品代麻羽肉鸡比纯种麻鸡生长速度快，比纯种安卡肉鸡生长速度慢，生长速度的相对延长，可使商品代仔鸡性成熟与体成熟相对一致，而且体重介于快慢肉鸡之间，从而保证肉质品味鲜美、香嫩，符合消费者需要。

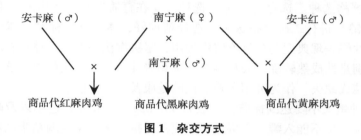

图1　杂交方式

4　新疆麻羽肉鸡杂交选育的技术线路

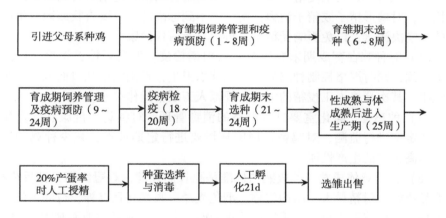

根据二元合成杂交的遗传规律，安卡品种的生长速度、羽毛颜色、饲料报酬及麻羽鸡的羽毛颜色、胴体品质等优良特性都会在子一代显现出来，再通过对其子一代外型进行评定及能力进行鉴定，就可以达到新疆麻羽肉鸡选育的目标，因此，利用杂交后的子一代产生的杂种优势而不需再回交或多元杂交。

5　父母代配套品系选育的技术标准及要求

（1）要保证引进的父母系种鸡的血统纯正且遗传性状稳定，要从国内育种规范的厂家引进，坚决禁止使用商品代留种，因为商品代留种后，后代性状会出现分离现象，生产性能弱化，达不到选育的目的。

（2）为保证父母代种鸡的生产性能，必须设计出父母代鸡在生产过程中的标准体重曲线、光照标准及饲料营养标准。如果父系增长过快要适当限饲，母系增重较慢则要调整日粮营养，在强调体重的同时，要兼顾公母鸡的性成熟，控制性成熟的技术主要是调整饲料营养及光照，不但要使公母鸡本身性成熟一致，而且公母鸡之间也要保持一致。

（3）严格选种。选育的关键是选种，要在育雏期末（8周龄）和育成期末（24周龄）进行二次严格选种，选择精神好、体重符合标准、体格发育正常、品种性能表现典型的公母鸡留作种用，坚决淘汰病弱残、体重较轻、发育不良，特别是性成熟较晚或公鸡雄性、母鸡雌性性状不突出的鸡，这种鸡的遗传基因不纯或缺失，作为种用影响后代的健康及生产性能。

（4）种蛋大小要达到标准，一般为55~65g，过大或者过小以及畸形、花皮、麻点等鸡蛋不能入孵，入孵过程中应及时拣出无精蛋或弱精蛋胚胎，出壳后的病、弱、残鸡苗不能出售。

（5）每5~7d人工授精一次，要合理利用公鸡，要定期对公鸡精液品质进行检验，对畸形精子或精子活力、密度达不到标准的公鸡要查找原因，不能康复的要坚决淘汰，以免影响受精率、孵化率及后代健康。

（6）对种鸡在育成期末要进行一次白痢检疫，发现阳性，无论公母都要坚决淘汰，同时严格控制种鸡的饲料和饮水卫生，杜绝病菌从口而入，影响种鸡健康，其次严格人工授精的消毒，规范人工授精操作技术。

（7）种鸡舍、孵化室要进行严格的消毒管理，对种鸡的健康状况及免疫状况要定期进行监测，对鸡舍及周围环境要进行定期消毒，减少种鸡的发病率，提高种鸡的生产性能。

（8）种公鸡体成熟与性成熟的标准是腿长而强健，鸡冠红润，性反应好，精液品质好，射精量大，结构匀称，羽色光泽，眼光亮且有神，行动灵活，叫声洪亮，雄性特征明显，体重比母鸡重40%，行动时龙骨与地面基本呈45°。

（9）母鸡体成熟与性成熟的标准是鸡冠红润、羽色光洁、目光明亮、叫声沉闷、行动迟缓、胆小、泄殖腔外部潮红松软、耻骨间距增大，体重在1.3kg以上。

6 新疆麻羽肉鸡选育目标及开发利用

6.1 建立父母代种鸡核心群

随着麻羽肉鸡消费群体的兴起，肉鸡苗缺口越来越大，据不完全统计，全疆全年麻羽肉鸡的消费量在1 000万只以上，而麻羽肉鸡成规模、育种技术规范的种禽场几乎没有几家，且大小种禽饲养量加起来不足5万套，还多为小规模（万套以下）的个体养殖户，多半靠从内地空运，市场与种源紧缺的矛盾日益突出，因此，建立父母代种鸡核心群十分必要，根据当前的市场及今后一段时期的变化，建设目标应不低于 10 万套。

6.2 靠政府推动，项目带动促进麻鸡业的发展

市场的多元化，也引起了投资的多元化，国家对关系到人民生活水平的民生项目很支持，不但拿出大量的财政给予肉食品补贴，而且投入大量资金拉动内需，各级政府应抓住这一有利时机，选好项目，依靠国家项目支持建设上规模的麻羽肉鸡种鸡场，在不改变固定资产投资法人的情况下，在生产经营方面或经营方式方面可以以承包和租赁的形式让给企业或个人，以加快新疆麻羽肉鸡的发展。

6.3 开发麻羽肉鸡深加工产品

可以利用企业繁育，农户养殖，公司收购加工，代理商推销的模式，使麻羽肉鸡产业形成规模，扩大饲养量，拓宽销售渠道，延长商品链，提高鸡肉附加值，逐步改变以活禽、胴体消费为主的形式。

6.4 推广多种形式的饲养模式

选育出的麻羽商品肉鸡兼顾了地方土鸡和快大型鸡的优点，既可以圈养，也可以放养，适应性较强。新疆果林面积大，水、土、光资源丰富，兴起的农家乐、农村游可刺激大量土鸡等这种特色饭菜的消费，这就使林下田间放养后直接上饭桌的餐饮业更具特色。

6.5 通过引导建立麻羽肉鸡消费餐饮专卖店

目前，新疆以"大盘鸡""大盘土鸡"为特色的餐馆随处可见，如果以优质麻羽肉鸡为品牌，建立麻羽肉鸡餐饮店将有利于麻鸡消费市场的拓宽。

6.6 建立区域性麻羽肉鸡养殖协会，促进麻羽肉鸡养殖业的发展

建立民间养殖业协会，有利于信息之间的交流，也有利于技术推广，有利于统一价格、统一防疫、统一质量标准，保护养殖户的利益，从而促进麻羽肉鸡养殖业稳定健康发展。

6.7 边推广、边宣传、边培训

作为致富人民群众、提高农牧民收入的一项产业，在品种推广、宣传、技术培训方面，一靠政府职能部门，二靠种禽养殖企业和加工业。在培育新的养殖户方面，政府要做好引导工作，在农牧民技术饲养方面，企业要做好售后服务工作，形成政府搭桥，以企业为龙头，以养殖户为纽带的链条，促进麻羽肉鸡养殖业的发展。

6.8 防止乱杂交、乱引种，以净化种禽市场

在建设好良繁体系的同时，依法制止乱杂交培育、乱引种的现象，净化种

油、麻鸡的选育及杂交利用

禽市场，依靠《种畜禽管理条例》，加强种鸡饲养、种蛋孵化市场的管理，对不符合要求的种禽场、孵化场予以取缔，确保良种市场的秩序。

总之，新疆麻羽肉鸡养殖规模正在逐渐扩大，麻羽肉鸡的育种要向规范化发展，以满足消费市场的需要。

本文原载 *新疆畜牧业*，2009（5）：41-43

杂交麻羽肉鸡在新疆的生产性能

摘要：分别用安卡麻、安卡红公鸡与南宁麻母鸡杂交，其子代红麻鸡及黄麻鸡同原品系黑麻子代性能比较，11 周龄公母混合鸡平均体重红麻鸡为 2.424kg、黄麻鸡为 2.476kg、黑麻鸡为 2.169kg；料肉比红麻鸡为 2.36、黄麻鸡为 2.31、黑麻鸡为 2.63；平均成活率红麻鸡为 97.3%、黄麻鸡为 94.7%、黑麻鸡为 96.7%。

关键词：安卡鸡；南宁麻；杂交；性能

目前，新疆自繁的麻鸡品系商品代肉鸡主要是用安卡麻、安卡红及迪高、南宁麻等公鸡与国内的麻母鸡杂交，培育出羽色为红麻色、黄麻色、黑麻色，生长速度介于快慢之间的中速商品代仔鸡。本试验选择安卡麻公鸡、安卡红公鸡分别与南宁麻母鸡杂交出的后代，测定其生长性能及抗病力，并以南宁麻本品种的商品代鸡作对比，评价其杂交品种遗传性能及经济效益，为麻鸡育种和饲养提供相关参数。

1 材料与方法

安卡麻公鸡与南宁麻母鸡杂交子代（红麻鸡）公鸡 150 只，母鸡 150 只；安卡红公鸡与南宁麻母鸡杂交子代（黄麻鸡）公鸡 150 只，母鸡 150 只；南宁麻公鸡与南宁麻母鸡杂交子代（黑麻鸡）公鸡 150 只，母鸡 150 只。

1.1 试验时间

2009 年 5 月 27 日至 2009 年 8 月 11 日。

1.2 试验方法

1.2.1 试验与分组

试验分三组，即红麻商品代、黄麻商品代、黑麻商品代。

饲养方式：不同品系商品代仔鸡网上封闭式分群饲养，自由采食，采用同一日粮标准的正大三黄鸡营养配方饲料，同一品系公母混养，饲养条件，饲养管理一致，每周随机称重（公母对半）。

1.2.2 饲养管理与卫生防疫

试验鸡的饲养管理方案及卫生防疫计划见表 1。

表1　麻羽肉仔鸡预防免疫计划及饲养管理方案

日龄/d	室温/℃	光照/h	投药	免疫	预防疫病	采食	数量/只
1	37	24	福来可/福可保	新城疫（Ⅳ）+传支H120二联苗点眼（英特威）	新城疫、传染性气管炎扶壮	2~3h，1次	50
2~3	35~37	23~24	福来可/福可保		扶壮	2~3h，1次	50
4~5	32~35	23	福来可/福可保		扶壮	2~3h，1次	50
7	32~35	23		新法安油苗颈部皮下注射0.35mL	新城疫、法氏囊病	自由采食	50
12	30~32	23		法氏囊病（Ⅱ）苗饮水	法氏囊病	自由采食	50
15	30~32	23		禽流感（H5+H9）颈部皮下注射0.35mL	禽流感	自由采食	20~30
22	20~22	23		法氏囊病（Ⅲ）苗饮水	法氏囊病	自由采食	20~30
28	18~20	23		新城疫（Ⅳ）+传支H120二联苗（英特威）饮水	新城疫、法氏囊病	自由采食	20~30
35	18~20	23				自由采食	4~5
63~68	4~75日龄室外温度在26~36℃，室内温度25℃	23	肾肝正康饮水		肾型传染性支气管炎	自由采食	4~5

注：传染性支气管炎简称传支。

2　生长性能表现

2.1　生长性能

三组麻鸡每周生长性能见表2。

表 2　麻羽肉仔鸡每周生产性能表

周龄/周	指标	红麻仔鸡	黄麻仔鸡	黑麻仔鸡
1	平均体重/g	100	90	80
	平均均匀度/%	46	64	64
2	平均体重/g	212	222	190
	平均均匀度/%	76	48	52
3	平均体重/g	395	418	360
	平均均匀度/%	48	62	52
4	平均体重/g	635	696	612
	平均均匀度/%	62	52	52
5	平均体重/g	950	1 000	871
	平均均匀度/%	52	36	46
6	平均体重/g	1 188	1 356	1 093
	平均均匀度/%	52	48	46
7	平均体重/g	1 565	1 570	1 366
	平均均匀度/%	46	50	44
8	平均体重/g	1 624	1 833	1 618
	平均均匀度/%	46	48	44
9	平均体重/g	1 896	1 887	1 751
	平均均匀度/%	44	46	38
10	平均体重/g	2 159	2 260	2 040
	平均均匀度/%	42	42	38
11	平均体重/g	2 424	2 476	2 169
	平均均匀度/%	54	52	40

　　75 日龄时屠宰前称重，红麻鸡平均体重公鸡为 2.738 8kg、母鸡为 2.230 4kg，黄麻鸡平均体重公鸡为 2.771 2kg、母鸡为 2.223 7kg，黑麻鸡平均体重公鸡为 2.583 7kg、母鸡为 1.973 5kg。

2.2　生长曲线图

　　三组麻鸡生长曲线如图 1 所示。

2.3　成活率与饲料消耗

　　三组麻鸡成活率与饲料消耗情况见表 3。

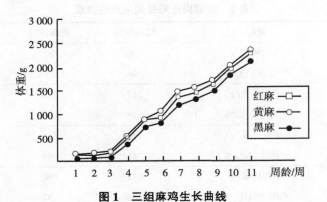

图1　三组麻鸡生长曲线

表3　麻羽肉仔鸡成活率、耗料情况

杂交形式	日龄/d	期初数/只	期末数/只	成活率/%	饲养期耗料量/kg	出栏时平均体重/kg	料肉比
安卡麻（♂）×南宁麻（♀）（红麻仔鸡）	75	300	292	97.3	1 670	2.424	2.36
安卡红（♂）×南宁麻（♀）（黄麻仔鸡）	75	300	284	94.7	1 624	2.476	2.31
南宁麻（♂）×南宁麻（♀）（黑麻仔鸡）	75	300	290	96.7	1 654	2.169	2.63

注：表内数值为公母混合统计值。

3　抗病力表现

3.1　禽流感、新城疫、鸡白痢、法氏囊病监测

三组试验鸡对禽流感、新城疫、鸡白痢、法氏囊病抗病力情况见表4。

表4　麻羽肉鸡抗病力情况

品系	性别	监测日龄/d	监测血清数/只	鸡白痢		禽流感		新城疫		法氏囊病	
				阳性数/只	感染率/%	抗体滴度≥16数	抗体保护率/%	抗体滴度≥16数	抗体保护率/%	阳性数/只	阳性率/%
黄麻	公	75	15	1	6	14	93	9	60	12	80
	母	75	15	2	13	14	93	8	53	11	73
红麻	公	75	15	0	0	15	100	11	73	10	66
	母	75	15	0	0	15	100	13	87	11	73

（续表）

品系	性别	监测日龄/d	监测血清数/只	鸡白痢		禽流感		新城疫		法氏囊病	
				阳性数/只	感染率/%	抗体滴度≥16数	抗体保护率/%	抗体滴度≥16数	抗体保护率/%	阳性数/只	阳性率/%
黑麻	公	75	15	0	0	13	87	9	60	9	60
	母	75	15	1	6	6	40	12	80	13	86

3.2 其他疾病发病情况监测

三组试验鸡其他疾病发病情况见表5。

表5 其他病发病率情况

品系	性别	腹水率/%	胸肌囊肿数/只	腿趾关节病数/只	猝死病数/只	肾型传染性支气管炎发病率/%
黄麻	公	0	3	4	3	10
	母	0	4	2	1	
红麻	公	0	2	4	4	15
	母	0	8	3	2	
黑麻	公	0	0	1	1	20
	母	0	0	0	0	

4 经济效益

直接成本包括饲料成本、疫苗兽药、水电费、鸡苗费等（表6）。

表6 饲养麻羽肉仔鸡经济效益核算

项目	红麻仔鸡	黄麻仔鸡	黑麻仔鸡
鸡苗单价/（元/只）	2.5	2.5	2.5
平均每只耗料量/kg	5.72	5.72	5.70
饲料平均单价/（元/kg）	2.63	2.63	2.63
饲料成本/（元/只）	15	15	15
药品成本/（元/只）	0.82	0.82	0.82
水电费/元	0.57	0.57	0.57
平均每只成本总计/元	18.93	18.93	18.93
每只平均体重/kg	2.42	2.48	2.17

（续表）

项目	红麻仔鸡	黄麻仔鸡	黑麻仔鸡
每千克毛鸡售价/元	11	11	10.5
每只鸡售价/元	26.7	27.2	22.8
每只鸡盈利/元	7.7	8.31	3.87
出栏数量/只	292	284	290
总盈利/元	2 248	2 360	1 122

5　分析

（1）三组麻鸡的均匀度较低，主要是公母混群饲养，公母鸡增长不一致，其次是肉仔鸡本身不限饲，麻鸡商品肉仔鸡应公母分群饲养，公鸡可早出栏，母鸡可稍晚，公母鸡追求均匀度有利于出栏整齐上市，屠宰体重均匀有利于批量加工，提高加工品的等级。

（2）通过三组麻鸡对比，黄麻仔鸡的生长速度较快，其次是红麻仔鸡、本品种的黑麻仔鸡生长速度明显较慢。而从生长曲线分析，三组试验的麻鸡第3周、第4周、第6周、第9周、第10周是增长速度较快的时期，而第1周、第2周、第5周、第7周、第8周生长速度较慢。从第3周起三组鸡的生长出现明显差距，从生长曲线还可以看出，11周后，黄麻鸡、红麻鸡及黑麻鸡增重趋势不减。

（3）黄麻鸡饲料报酬最高，为2.31，其次是红麻鸡2.36，较低的是黑麻鸡2.63，说明生长速度越快，饲料报酬越高。

（4）在抗病力方面，红麻鸡成活率达到97.3%，其次是黑麻和黄麻分别为96.7%和94.7%；在试验中，黑麻鸡在第7周发生传染性肾型传染性支气管炎，第8周红麻鸡和黄麻鸡也被相继传染，通过连续投药疫病得到有效控制。白痢检疫黄麻仔鸡阳性率较高。在相同饲养管理和防疫条件下，禽流感监测，黑麻母鸡保护率小于70%；新城疫监测，保护率小于70%有黄麻公母鸡和黑麻公鸡；传染性法氏囊病监测，75日龄时三组试验鸡免疫抗体阳性率均较好。其他病发病率除猝死病外都较低，而猝死病主要是由于热应激引起，在试验期间的最后32d，当地室外温度日平均32.2℃、最高36℃的气温持续了4d，这不但影响了体重的增长，而且热应激也导致抗病力下降，是猝死病发生的主要原因。

（5）经济效益最好的是黄麻鸡，平均每只盈利8.31元，红麻鸡平均每只盈利7.7元，较差的是黑麻鸡，平均每只盈利3.87元，主要是黑麻鸡饲料报酬低、母鸡体重较小、公母混合鸡平均销售价低。黄麻鸡比黑麻鸡平均每只收入相差 4.44 元。

6　讨论

（1）为满足市场需求，麻羽肉鸡品系应以红麻羽色、黄麻羽色和黑麻羽色为主，而在这三个品系中，生长较快的应是杂交的黄麻鸡和红麻鸡。试验期由于热应激较大，对增重及抗病力有明显影响。在生长速度方面，麻羽品系应属于中速鸡，出栏体重公鸡应控制在 2.5～3kg，即 75 日龄左右出栏。母鸡体重应控制在 2.5kg 左右，即 85 日龄左右出栏，而且应公母分群饲养，以利于出栏整齐，统一上市，也有利于屠宰加工，屠体均匀一致，提高产品等级。

（2）三组鸡比较，黄麻仔鸡的抗病力相对较低。而商品子代的抗病力一方面决定于种鸡的健康状况，另一方面要加强本身的免疫和疫病预防。黄麻仔鸡和黑麻母鸡鸡白痢感染率较高与种鸡的检疫及商品子代的抗病力、疫病预防等有关，禽流感和新城疫免疫后抗体较好，法氏囊病免疫后 75 日龄抗体阳性率较好，因此要加强对父母代鸡和麻羽仔鸡商品代的检疫和预防。除此之外，商品仔鸡 1 月龄左右要加强对肾型传染性支气管炎的免疫。由于生长速度慢于快大型肉鸡（饲养期推迟 1 个多月），麻鸡商品代的体尺又比快大型鸡大，麻羽肉鸡的脚趾关节病、腹水病、胸肌囊肿等发病率低，然而由于新疆特殊的气候特点，在炎热季节饲养麻羽鸡，仍应加强饲养管理和防暑降温。

（3）本试验采用的是封闭式网上饲养，通过调查，这种杂交的麻羽鸡在15 日龄脱温后还适于放养在田间、林下，虽然其生长性能较舍饲慢，但其羽色和肉质更像是优质土鸡。封闭式网上饲养在饲养管理方面，为了减少热应激的影响，要加强夏季鸡舍的通风和防暑降温，半开放式鸡舍要避免日光直接暴晒。麻羽肉鸡采用的是三黄鸡的饲料标准，应针对麻羽肉鸡的营养需求进行不同阶段、不同季节的全价日粮调配。

本文原载　国外畜牧学-猪与禽，2010（2）：70-72

南宁麻肉种鸡在新疆天山北坡地区的适应性

摘要：南宁麻鸡又名良凤花鸡，系南宁农牧良凤有限公司培育的鸡种，通过在新疆天山北坡乌鲁木齐垦区（新疆生产建设兵团农十二师某团）对该鸡引进饲养，并进行适应性观测，其具有繁殖力和适应性强、均匀度好、质量稳定、生产性能优良等特点，为在新疆地区饲养推广麻羽肉鸡提供依据。

关键词：南宁麻肉种鸡；天山北坡；适应性；观测

1 材料与方法

2007年2月由广西空运南宁麻（良凤花）父母代肉种鸡（母雏）7 000只，饲养于新疆生产建设兵团农十二师某团养鸡场内。0~10周龄网上平养育雏，11周龄以后上笼。鸡舍为三层全阶梯式半开放鸡舍，自由饮水，按照不同生理阶段饲喂乌鲁木齐正大饲料公司生产的全价配合饲料（麻肉种鸡育雏为正大521饲料、育成鸡为正大522饲料、产蛋期为正大424H饲料），纵向机械通风，人工控制光照，实行人工授精。

观测内容：观测鸡只的外貌特征与健康情况；测定鸡的体重、耗料、死淘率、产蛋率、孵化率等，称重于每周末下午4时以后进行，随机抽取全群的2%~5%，计算平均体重和均匀度。

观测时间：2007年2月至2008年5月。

2 结果

2.1 环境条件

新疆生产建设兵团农十二师（乌鲁木齐垦区）位于亚洲中心地带，为天山北坡经济带的重要区域，北纬42°45′32″~44°08′00″，东经86°37′33″~88°58′24″，属于中温带半干旱大陆性气候，昼夜温差大，寒暑变化剧烈，气候干燥，降水少，山区降水较多，无霜期短，春季多大风、夏季热而不闷、秋季降温迅速、冬季寒冷漫长，年平均气温6.4℃，1月平均最低气温-18.1℃，7月平均气温23.5℃，极端最高气温40.5℃，极端最低气温-41.5℃；年平均降水量286mm。

南宁麻肉种鸡原产地广西南宁，属亚热带湿润气候区，气候温暖，雨量相对充沛，气温很少降到0℃以下，位于中国广西南部，地处亚热带、北回归线以南，介于北纬22°12′24″~24°02′06″、东经107°19′27″~109°37′04″，南宁干、湿季节分明，1 月平均气温 13.7℃、最低 3.2℃，7 月平均气温 23.5℃、最高气温 37.2℃，冬季比较阴冷，年平均降水量 1 331mm。

2.2 外貌特征

南宁麻（良凤花）父母代肉种鸡母本自引入育成后观察，鸡只身体呈矩形，胸深背短，羽色麻黄相间、皮黄、脚黄，体形外貌酷似土鸡。

2.3 生产性能

2.3.1 育雏、育成成活率

入雏母鸡为 7 000 只，0~8 周龄末存活 6 832 只，成活率 97.6%；9~20 周末存活 6 681 只，成活率 97.8%；20 周龄成活率为 95.4%，育雏期死亡主要是因为长途运输应激造成严重脱水所致，死亡主要集中在 1~3 日龄。

2.3.2 育成鸡的生长发育和饲料消耗

鸡只在整个育成期生长发育正常，20 周龄体重 1 948g，略低于标准 2 000g。在整个生长发育期中，10 周龄前体重低于标准，10 周龄以后高于标准，直到 16 周龄才与标准接近，虽然通过限饲使体重达标，但是影响了发育，鸡群均匀度在 75% 左右，达不到要求的 80% 以上，每只鸡的饲料耗料量每天较饲养手册推荐量少 2g，是否真正节约了饲料，有待进一步试验证明。

2.3.3 产蛋性能

种母鸡 25 周龄平均体重 2 250g，产蛋率为 20%，27 周龄产蛋率达到 50%，30 周龄体重平均 2 550g，产蛋率 75%，达到产蛋高峰，受精率为 96%，种母鸡开产周龄提前 10d，但是高峰产蛋率较标准 76.9% 要低 1.9 个百分点，这与饲养管理有关。

3 讨论

（1）从广西南宁引进良凤花肉种鸡在新疆天山北坡乌鲁木齐垦区饲养，虽然两地环境气候条件差异很大，但是所引进的南宁麻种鸡在饲养期间，根据本地的气候特点，实行较好的管理内部环境措施，如冬季保温、防风，夏季通过水帘、通风等降温措施，保证了较适宜的环境条件。在新疆特征与原产地基本一致，表现出了较强的遗传特征。

（2）种鸡产蛋高峰期产蛋率 76%，较饲养标准 76.9% 低 0.9 个百分点，原因是限饲不当造成鸡群提前开产，均匀度不高；新疆夏季天气高温干热，供电不正常，发生短时间停电现象，影响光照程序以及通风的控制，引起应激而影响了产蛋率。

（3）肉种鸡生长发育的适宜温度是 21~25℃，广西南宁 7 月平均温度

23.5℃，最高37.2℃，而且降水量多，高温高湿不利于鸡只的健康和生产性能的发挥。新疆天山北坡乌鲁木齐垦区7月平均温度20~35℃，相对湿度平均40%，虽然夏季高温干热，可以通过人工控制（如雨帘等），但是夜晚凉爽，而且饲料资源充足，相对来说比较适宜肉种鸡饲养。

（4）由于鸡舍内部环境控制技术的应用，即使在新疆乌鲁木齐与南宁气候、环境条件差异非常大的地区饲养同一鸡种，所表现出的外貌特征、生产性能等指标与原产地基本一致，使得南宁麻种鸡在不同地域饲养获得同样的遗传性能，而种鸡养殖的成功与否，关键要看日常的管理。例如，生物安全管理、内部环境控制、不同时期日常饲养管理以及兽医保健等措施执行得是否到位。

（5）南宁麻作为我国选育的新的地方品种，其在新疆的适应性较强，子代羽色也类似于土鸡，但其商品代生长速度较慢于快大型鸡，生长周期较长，农民养殖周转较慢。为了提高养殖效益，适应新疆市场，以南宁麻母本与快大型安卡公鸡杂交，据报道，其商品代杂交优势更加明显。

（6）由于南宁麻肉鸡商品代羽色酷似土鸡的特征，子代在新疆经过杂交产生红麻、黄麻和黑麻3个不同品系，各品系不但可以作为专业养殖户集约化规模饲养，同时也非常适宜于新疆非专业农户作为副业，利用庭院、林下果园、草原以及戈壁滩等采取不同散（圈、放）养方式，在做好疫病防控的前提下，进行小群体、大规模饲养，还可以作为各地发展独具特色的肉鸡产业考虑的新品种（系）。

4 结论

南宁麻肉种鸡母本在新疆天山北坡乌鲁木齐垦区育雏、育成期生长发育良好，成活率高；产蛋期产蛋率较高，种蛋受精率高，表现出较好的适应性，而且新疆相对内地距离较远，市场相对独立，适宜在以乌鲁木齐为中心辐射全疆发展推广麻羽肉鸡生产。

本文原载 *新疆畜牧业*，2010（5）：39-40

杂交麻鸡在新疆林下放养的效果

摘要：通过对南宁麻与安卡麻种鸡杂交商品代麻鸡进行林下散养试验，并进行效果观测，发现在新疆进行林下散养商品代麻鸡经济效益显著。

关键词：麻鸡；林下散养；效果分析

新疆属于典型大陆性气候，人类居住距离沙漠较近，虽然夏季气候炎热干燥，但在树荫之下，山川之间却比较凉爽，是避暑纳凉的好地方。新疆又属于"瓜果之乡"，人工种植果林面积大，围绕着沙漠，植树造林面积不断扩大，加上天然的山川河流，这些有利的自然环境和条件为散养鸡养殖提供了便利条件，本文以选育出的麻羽仔鸡为试验对象，对其林下散养效果进行分析。

1 饲养时间、品种选择

2010 年 3 月 15 日从本地种禽场接鸡 1 000 只，品种为安卡麻公鸡与南宁麻母鸡杂交的商品肉仔鸡，饲养期为 124d，即 2010 年 7 月 17 日测试其生长性能。

2 育雏期饲养方式、疫病预防

公母混群饲养，育雏阶段为封闭式圈养，育成期后，开始散养。育雏阶段饲喂正大三黄肉鸡前期配合饲料，饲料营养为粗蛋白质≥20.0%、粗纤维≤6.0%、钙 0.8% ~ 1.3%、总磷≥0.55%、粗灰分≤7.5%、盐 0.15% ~ 0.8%、水分≤13.8%、氨基酸≥0.8%。饲养温度从 1 日龄 35 ~ 37℃开始到 30 日龄，温度降到 18 ~ 20℃，饲养密度为 30 ~ 50 只/m²。

育雏期免疫接种：1 日龄新城疫+传染性支气管炎 H120 二联疫苗点眼；7 日龄新法安油苗颈部皮下注射 0.35mL；12 日龄法氏囊病（Ⅲ）疫苗饮水；15 日龄禽流感（H5+H9）颈部皮下注射 0.35mL；22 日龄法氏囊病（Ⅲ）疫苗饮水加强免疫；28 日龄新城疫（Ⅳ）+传染性支气管炎 H120 二联疫苗加强免疫。

3 散养期饲养管理

外界气候不低于 18℃开始放养，放养地为山沟中的林木下，树木成荫，林木面积大于 100 亩，林木旁建有居舍，散养鸡每日早晨 8 时出舍，晚上天黑前人工助其自动回巢，在巢舍周围人工放置饮水器，晚上回巢后人工补饲，补饲饲料主要是碎玉米或其他粗粮。

4 散养效果

4.1 羽毛等行为表现

由于户外光线好，空气清新，因此，散养鸡羽毛整洁，羽色光亮，腿后鳞片光滑，鸡冠、肉髯红润，眼睛明亮，叫声清脆，反应迅速，行动敏捷。

4.2 健康表现

散养期成活率96%，主要是丢失或被野生动物偷吃，散养期腹水病、胸肌囊肿、腿趾关节病、肾型传染性支气管炎发病率为零，呼吸道病发病率低，由于气候变化，肠道疾病偶有发生。

4.3 生长性能表现

124d 随机抽样测试，母鸡平均体重为 2 030g，公鸡体重为 2 606g，母鸡均匀度为 67%，公鸡均匀度为 81.3%，见表 1。

表 1 林下散养鸡生长性能结果

接鸡时间	测试时间	饲养期/d	测试数量/只		平均体重/g		均匀度/%	
			♀	♂	♀	♂	♀	♂
2010年3月15日	2010年7月17日	124	30	30	2 030	2 606	67	81.3

5 效果分析

散养鸡体重达到 1.8kg 以上时，逐渐出售，论只不论重量，每只售价在 50~100 元不等，2kg 左右每只 50 元，2.5kg 以上为 100 元，总收入 12.2 万元，平均每只收入 64.8 元。

6 讨论

（1）近年来，草鸡、土鸡等优质鸡市场发展好，其特点是饲养期长，主要是散养，肉质鲜美。而新疆果林面积大，水草丰盛，昆虫、蚂蚱等为发展散养鸡提供了先天的自然资源条件，但是好的资源环境还需要适合的品种。适于散养的品种首先要抗逆性强，生长速度适中。快大型白羽肉鸡由于其增速快，行动迟缓，不利于放养，而蛋公鸡又由于其生长速度太慢，也不利于放养，而且两种鸡羽色单一，不适于当土鸡养。本地培育出的中速型麻鸡，市场看好，羽色类似土鸡，适应性和抗病力又较强，达到2kg以上体重在4个月左右，因此是散养鸡选择的最佳品种。

（2）从经济效益分析，每年养一批散养鸡 1 000 只，每只收入平均 64.8

元，效益不低于 55 元，净收入也在 5.5 万元。而圈养一批 1 000 只鸡平均饲养期为 75d，一年 3 批，每只平均效益 15 元，3 批鸡净收入为 4.5 万元，不及养一批麻羽散养鸡，而且散养一批麻羽鸡的疫病风险、市场风险远低于圈养 3 批麻羽鸡的风险，其次是管理费用也低，因此，养一批散养鸡比养三批圈养鸡效益好。

（3）根据新疆的气候特点，北疆地区一般 3 月冰雪融化，4 月气温回升，5 月树木变绿，7—8 月进入盛夏，9 月气温逐渐变凉，10 月进入寒秋，气温变冷，而野外散养鸡一般饲养期为 90~150d，若预期体重 2kg 以上，饲养期应大于 100d。因此，一般户外散养鸡应选择 3—4 月接鸡，5—9 月散养，7—9 月逐渐出售。

（4）散养鸡的饲养模式最好选择育雏期圈养，结合自身实际情况，可以选择在网上或者地面铺设垫草平养等方式，但还必须进行疫病的预防免疫工作，做好前期的预防是散养期鸡群健康的保证；其次，散养鸡在晚上回舍后，最好能人工补饲，否则，其体重难以在散养期达到预期重量，另外适当定时补饲还能使得鸡群养成晚上定时回舍习惯，节省驱赶人工成本。由于户外旷野，地广人稀，树草茂密，因此要防止野生动物偷食或叼食，如天上的老鹰和地上的田鼠、黄鼠狼等。当体重长到 2kg 左右时就逐渐出售，零售价一般在 50~100 元/只。2010 年市场散养鸡批发价 25 元/kg，若母鸡平均体重 2 030g，公鸡平均体重 2 606g，每只母鸡的收入也为 50.75 元，每只公鸡的收入 65 元，经济效益显著。

本文原载　新疆畜牧业，2010（11）：33-34

杂交麻羽肉鸡的体尺与屠宰性能

摘要：以安卡红（麻）为父本，以南宁麻为母本进行杂交，其子代性能测定分3组，即安卡麻（♂）×南宁麻（♀）、安卡红（♂）×南宁麻（♀），对比组南宁麻（♂）×南宁麻（♀），各试验组数量为300只，公母对半，75日龄通过测定：第1组杂交子代羽色为红麻色，屠宰率公鸡90.42%、母鸡90.37%；第2组杂交子代羽色为黄麻色，屠宰率公鸡89.85%、母鸡89.95%；对照组子代公母羽色为黑麻色，屠宰率公鸡89.49%、母鸡89.81%。体尺性能比较，杂交子代明显高于对照组子代。

关键词：安卡鸡；南宁麻鸡；杂交；性能

随着人们消费观念的改变，鸡肉的口感及羽色已成为新的消费追求，然而纯种的地方品种虽然迎合了消费者的这种需求，但是较高的饲养成本却制约了优质地方品种商品代的规模化发展，因此，用速成肉鸡改良地方品种，培育出子代特定羽色、生长介于快慢之间的品系为目标，已成为近年来不同地方肉鸡培育和饲养的新思路。本试验选择安卡红公鸡和安卡麻公鸡为父本，以中国地方品种南宁麻母鸡为母本，在新疆进行杂交试验，以南宁麻公鸡和南宁麻母鸡子代作为对照组，在商品子代羽色方面形成红麻、黄麻和黑麻三色品系，并测定其体尺和屠宰性能，研究其杂交子代的遗传表现，通过对相关性能的评价，为麻鸡育种及商品价值提供理论依据。

1 材料与方法

1.1 试验材料

安卡麻、安卡红父母代公鸡，南宁麻父母代公母鸡，安卡麻公鸡与南宁麻母鸡杂交子代公母鸡各150只，安卡红公鸡与南宁麻母鸡杂交子代公母鸡各150只，南宁麻公鸡与南宁麻母鸡的后代公母鸡各150只。

1.2 试验时间

2009年5月27日至2009年8月11日，子代生长日龄75d。

1.3 试验方法

父母代饲养采用全封闭式分群饲养、人工光照、人工授精、人工孵化，子代采用封闭式网上高床分群饲养、人工光照、自由采食，种鸡采用正大肉种鸡全价配合饲料，仔鸡采用正大三黄鸡的饲料标准。

1.4 试验取样

75日龄时，随机抽取安卡麻（♂）与南宁麻（♀）杂交的子代鸡（羽色为红麻色）公母各 30 只，安卡红（♂）与南宁麻（♀）杂交的子代鸡（羽色为黄麻色）公母各 30 只，南宁麻（♂）与南宁麻（♀）杂交的子代鸡（羽色为黑麻色）公母各 30 只分成 3 组，同时禁食 10h 后进行体尺和屠宰性能测量。

2　体尺性能测定

2.1　测定范围与方法

体斜长：用皮尺沿体表测量肩关节至坐骨结节间的距离。

胸宽：用卡尺测量两肩关节之间的体表距离。

胸深：用卡尺在体表测量第一胸椎到龙骨前缘的距离。

胸角：用胸角器在龙骨前缘测量两侧胸部角度。

龙骨长：用皮尺测量体表龙骨突前端到龙骨末端的距离。

骨盆宽：用卡尺测量两坐骨结节间的距离。

胫长：用卡尺测量从胫部上关节到第三、第四趾间的直线距离。

胫围：胫部中部的周长。

2.2　测定结果

麻羽肉鸡体尺测定结果见表 1。

表 1　麻羽肉鸡体尺测量结果

杂交形式	性别	日龄/d	测量数/只	平均活体重/kg	体斜长/cm	胸宽/cm	胸深/cm	胸角/°	龙骨长/cm	骨盆宽/cm	胫长/cm	胫围/cm
安卡麻（♂）× 南宁麻（♀）(红麻仔鸡)	公	75	30	2.738 8	23.148 9	7.899 5	9.597 8	67.999 0	13.128 7	6.970 3	10.805 4	5.341 7
	母	75	30	2.230 4	21.937 5	8.625 0	10.826 7	67.610 3	11.997 7	7.714 3	9.559 7	4.834 6
安卡红（♂）× 南宁麻（♀）(黄麻仔鸡)	公	75	30	2.771 2	22.669 3	8.736 3	9.373 1	66.263 8	12.843 8	7.338 4	10.916 9	5.262 3
	母	75	30	2.223 7	22.322 5	9.225 6	10.540 4	70.099 6	11.688 5	8.007 2	9.653 7	4.953 3
南宁麻（♂）× 南宁麻（♀）(黑麻仔鸡)	公	75	30	2.583 7	21.889 7	7.317 5	8.130 2	61.410 9	12.351 0	5.974 0	10.542 1	4.925 3
	母	75	30	1.973 5	21.343 4	7.472 6	9.446 8	63.294 1	11.336 3	7.466 2	9.262 7	4.348 7

注：以上为测量数的平均值。

3　屠宰性能测定

3.1　测定范围与方法

屠体重：仔鸡放血，去羽毛、脚角质层、趾壳和喙壳后的重量。

半净膛重：屠体去除气管、食道、嗉囊、肠、脾、胰、胆囊和生殖器官、肌胃内容物及角质膜后的重量。

全净膛重：半净膛重减去心、肝、腺胃、肌胃、肺、腹脂和头脚（鸭、鹅、鸽、鹌鹑保留头脚）的重量。

腿肌重：去腿骨、皮肤、皮下脂肪后的全部腿肌的重量。

胸肌重：沿着胸骨脊切开皮肤并向背部剥离，用刀切离附着于胸骨脊侧面的肌肉和肩胛部肌腱，即可将整块去皮的胸肌剥离，然后称重。

腹脂重：脂腹部脂肪和肌胃周围的脂肪。

屠宰率（%）＝屠体重/宰前体重×100。

3.2 测定结果

麻羽肉鸡屠宰性能测定结果见表2。

4 结果分析

（1）3组中同一品种公母鸡体尺性能比较，体斜长、龙骨长、胫长、胫围公鸡明显大于母鸡，而胸宽、胸深、骨盆宽，母鸡大于公鸡；在屠宰性能中，腹脂率和胸肌率母鸡明显大于公鸡，而腿肌率公鸡明显大于母鸡；屠宰率，公鸡、母鸡比较接近。

（2）不同品种同一性别体尺性能比较，试验组高于对比组。而屠宰性能对比，杂交后代的试验组腿肌率明显高于原品种的后代，腹脂率黑麻母鸡最高（6.93%），而黑麻公鸡最低（3.33%）；屠宰率比较，不同品种同一性别差距较小。

5 讨论

（1）安卡红公鸡、安卡麻公鸡分别与南宁麻母鸡杂交，其子代羽色分别为黄麻色和红麻色，原品种的黑麻色商品代子代共同形成三种麻鸡商品代羽色品系，在活鸡包装方面，可满足市场的消费需求。

（2）引进速成型肉鸡与地方麻鸡杂交，其商品代主要性能高于原品种的后代，特别是同一性别活体重及屠体重，相比较差异较明显，说明这种杂交选育的可行性表现出了杂交遗传优势。

（3）商品肉仔鸡的生长速度决定商品鸡肉的品味（如地方优质鸡90日龄体重为2kg左右），生长速度较慢，其肌纤维越紧，肌肉中水分含量低，肌肉就越"耐嚼"，而肌肉的口感和嫩度较低，生长速度就越快（如快大型肉鸡40~45d体重2.5kg左右）。本试验中杂交的麻羽肉仔鸡，75d出栏体重平均1.9~2.7kg，生长速度介于快慢肉鸡之间，其鸡肉品质也应介于快慢肉鸡之间，而且饲料报酬比快大型肉鸡略低而比优质鸡略高，在羽色方面又酷似地方优质鸡，这样既满足了消费者需求，又兼顾了饲养者的利益，对促进养禽业的发展有积极作用。

表 2　麻羽肉鸡屠宰性能测定结果

杂交形式	性别	日龄/d	测量数/只	平均活体重/kg	平均屠体重/kg	半净膛重/kg	全净膛重/kg	腹脂重/kg	腿肌重/kg	胸肌重/kg	屠宰率/%	半净膛率/%	全净膛率/%	腹脂率/%	腿肌率/%	胸肌率/%
安卡麻（♂）×南宁麻（♀）（红麻仔鸡）	公	75	30	2.738 8	2.476 4	2.262 6	1.878	0.079	0.430 4	0.337 4	90.42	82.61	68.57	4.21	22.92	17.97
	母	75	30	2.230 4	2.015 6	1.824 9	1.517 6	0.082 9	0.331 9	0.300 8	90.37	81.82	68.04	5.46	21.87	19.82
安卡红（♂）×南宁麻（♀）（黄麻仔鸡）	公	75	30	2.771 2	2.489 8	2.263 5	1.863 4	0.078 7	0.446 1	0.336 9	89.85	81.68	67.24	4.22	23.94	18.08
	母	75	30	2.223 7	2.000 3	1.832 1	1.484 4	0.102 1	0.324 0	0.274 3	89.95	82.39	66.75	6.88	21.83	18.48
南宁麻（♂）×南宁麻（♀）（黑麻仔鸡）	公	75	30	2.583 7	2.312 2	2.078 3	1.733 5	0.057 7	0.392 7	0.298 4	89.49	80.44	67.09	3.33	22.65	17.21
	母	75	30	1.973 5	1.772 4	1.594 3	1.332	0.092 3	0.285 5	0.243 3	89.81	80.78	67.49	6.93	21.43	18.26

注：以上为测量数的平均值。

（4）只有科学地选种、育种，有目标地杂交组合，才能体现这种杂交优势，无秩序、不科学地乱交，不但不能取得好的生产和经济效益，而且会搞乱麻鸡市场，对肉鸡业的发展不利。

本文原载 新疆畜牧业，2010（1）：33-35

杂交麻羽肉鸡与白羽肉鸡屠宰性能比较

摘要：为了研究杂交麻鸡的生理特征及屠宰性能，选取白羽肉鸡为比对，对其内脏各器官进行测试，为研究其抗病力、生理变化等提供理论依据，并通过对屠宰性能试验的研究，得出放养麻鸡、圈养麻鸡、白羽肉鸡腿肌率公母鸡分别为 14.84%/13.94%、16.37%/14.56%、15.68%/15.18%；胸肌率公母鸡分别为 10.50%/10.70%、11.28%/12.99%、18.94%/20.23%；屠宰率公母鸡分别为 91.54%/91.51%、86.65%/86.96%、88.34%/93.23%。

鸡的屠宰性能与鸡的品种、饲养方式、性别、饲养期、体重等有直接关系，杂交麻羽肉鸡生长期介于快大型白羽肉鸡与优质土鸡之间，本试验选取安卡麻公鸡与南宁麻母鸡杂交的仔鸡，分圈养和放养两种方式，实验室测试其屠宰后内脏器官重量及屠宰指标，并以快大型白羽肉鸡为对比，研究杂交麻羽肉鸡生理特征和屠宰指标，为麻鸡的基础研究提供理论依据。

1　材料与方法

1.1　试验材料

选取安卡麻公鸡与南宁麻母鸡杂交的仔鸡为试验对象，分圈养与放养两种形式，圈养麻鸡全期（70d）饲喂正大三黄鸡不同生长期饲料，放养麻鸡饲养期 128d，其中 30 日龄前饲喂三黄鸡雏鸡全价饲料，30 日龄后在林下放养，以草、虫为主，补以碎玉米等为食，选取快大型 43d 白羽肉鸡为对照，饲养规模为麻鸡圈养为 1 000 只，放养 1 500 只，白羽鸡 1 000 只。

1.2　试验抽样

分别抽选圈养麻鸡、放养麻鸡、白羽肉鸡公母鸡各 10 只，共计 60 只，屠宰前禁食 8h，屠宰时统一放血 5min，随后进行实验室测量。

1.3　试验方法

活体重：仔鸡放血前的重量。

屠体重：仔鸡放血后去羽毛、脚角质层、趾壳和喙壳的重量。

半净膛重：屠体去除气管、食道、嗉囊、肠、脾、胰、胆囊和生殖器官、肌胃内容物及角质膜后的重量。

全净膛重：半净膛重减去心、肝、腺胃、肌胃、肺、腹脂和头脚（鸭、鹅、鸽、鹌鹑保留头脚）的重量。

腿肌重：去腿骨、皮肤、皮下脂肪后的全部腿肌的重量。

胸肌重：沿着胸骨脊切开皮肤并向背部剥离，用刀切离附着于胸骨脊侧面的肌肉和肩胛部肌腱，即可将整块去皮的胸肌剥离，然后称重。

腹脂重：腹部脂肪和肌胃周围的脂肪。

屠宰率（%）＝屠体重/宰前体重×100。

胸肌率（%）＝胸肌重/屠体重×100。

腿肌率（%）＝腿肌重/屠体重×100。

腹脂率（%）＝腹脂重/屠体重×100。

2 内脏测量结果与分析

不同饲养方式、性别鸡的内脏重量测量结果见表1。

表1 不同饲养方式、性别鸡的内脏重量 单位：g

品种	性别	平均体重	心	肝	脾	睾丸	肌胃	腺胃	肺
圈养麻鸡	公	2 860	15.323	53.232	5.722	11.475	36.802	7.718	16.360
	母	2 188	10.118	44.953	4.245	—	29.463	6.208	12.063
放养麻鸡	公	2 607	10.137	48.190	3.232	4.125	47.780	7.883	15.308
	母	2 030	8.080	36.742	2.570	—	47.930	7.100	10.783
白羽肉鸡	公	2 865	12.247	53.422	4.153	0.962	31.823	6.81	14.488
	母	2 351	10.306	53.747	3.173	—	27.875	5.742	13.010

心重量：同一品种、不同性别公鸡比母鸡重；不同品种、同一性别比较，麻鸡公鸡圈养心脏明显重于白鸡，母鸡则比较接近。

肝重量：同一品种、不同性别比较，白羽肉鸡重于麻鸡。

脾重量：同一品种、不同性别公鸡重于母鸡，不同品种、同一性别比较，麻鸡重于白鸡，圈养麻鸡重于放养麻鸡。

睾丸重量：麻鸡明显高于白鸡，圈养麻鸡明显高于放养麻鸡。

肌胃重量：同一品种、不同性别比较，圈养麻鸡、白羽公鸡明显高于母鸡，放养麻鸡公、母鸡接近；不同品种、同一性别比较，麻鸡高于白鸡，放养麻鸡高于圈养麻鸡。

腺胃重量：同一品种、不同性别比较，公鸡高于母鸡；不同品种、同一性别比较，麻鸡高于白鸡，放养麻鸡高于圈养麻鸡。

肺：同一品种、不同性别比较，公鸡高于母鸡；不同品种、同一性别比较，麻鸡高于白鸡，放养麻鸡高于圈养麻鸡。

3 屠体性能测试结果分析

屠体性能测试结果及三维柱状比较结果见表2。

表2 屠体性能测试结果及三维柱状比较

品种	性别	活重/g	屠体重/g	半净膛重/g	全净膛重/g	腿肌重/g	胸肌重/g	腹脂/g	屠宰率/%	腿肌率/%	胸肌率/%	腹脂率/%
圈养麻鸡	公	2 860	2 478	1 835	2 195	406	279	51.27	86.65	16.37	11.28	2.07
	母	2 188	1 903	1 367	1 685	279	247	71.7	86.96	14.65	12.99	3.76
放养麻鸡	公	2 607	2 387	1 614	2 022	353	251	74.92	91.54	14.84	10.50	3.13
	母	2 030	1 858	1 260	1 584	259	199	109.37	91.51	13.94	10.70	5.88
白羽肉鸡	公	2 865	2 530	1 940	2 282	397	481	79.98	88.34	15.68	18.94	3.17
	母	2 351	2 196	1 666	1 967	333	443	88.29	93.23	15.18	20.23	3.75

屠宰率：不同品种、不同性别比较，白羽肉鸡母鸡屠宰率高于公鸡，麻羽肉鸡公母差别不大。不同品种、同一性别比较，公鸡放养麻羽肉鸡高于白羽肉鸡，圈养麻鸡最低；母鸡白羽肉鸡高于放养麻羽肉鸡，圈养麻鸡最低。不同品种比较，公鸡白羽肉鸡高于圈养麻鸡1.69个百分点，母鸡则高6.27个百分点，差别较大。

腿肌率：同一品种、不同性别比较，公鸡高于母鸡。不同品种、同一性别比较，公鸡圈养麻鸡最高，白羽肉鸡高于放养麻鸡；母鸡白羽肉鸡高于圈养麻鸡，放养麻鸡最低。

胸肌率：同一品种、不同性别比较，母鸡高于公鸡；不同品种、同一性别比较，白羽肉鸡显著高于麻羽肉鸡，圈养麻鸡则高于放养麻鸡。

腹脂率：同一品种、不同性别比较，母鸡高于公鸡。不同品种、不同性别比较，公鸡圈养麻鸡低于放养麻鸡，白羽肉鸡最高；母鸡白羽肉鸡低于圈养麻鸡，放养麻鸡最高。

4 讨论

（1）肉鸡内脏器官重量的大小与品种、遗传、饲养方式、性别、体重、健康状况、饲养期等有直接关系。一般公鸡体格大于母鸡，因此脏器较重。麻鸡肌胃、睾丸、腺胃、肺重于白鸡，而心、肝则白鸡高于麻鸡，这与品种与饲养期有较大关系。白鸡生长速度快，则心、肝、脾负荷大，代偿性增大特别明显，因此，身体抗病力下降，如肉鸡的心包炎、肝肿大、脾肿大等病多发。相反，生长速度较慢，则体内器官发育趋于正常，抗病力较强。其次，在测试中，即使体重一致（或接近）的同一饲养日龄、同一性别鸡的脏器重量比较，差异较大。如活重都是2 870g的麻羽公鸡，脏器重量分别是心19.56g和11.96g，肝

49.67g 和 43.82g, 脾 3.52g 和 4.9g, 睾丸 16.02g 和 18.51g, 肌胃 30.4g 和 35.05g, 腺胃 5.56g 和 7.73g, 肺 15.82g 和 16.73g。而饲养日龄相同的同一品种、不同性别体重明显大的个体, 脏器重量也不是均大于体重小的个体, 说明肉仔鸡体重增长与组织器官发育在不同阶段不完全同步。

(2) 肉鸡的屠宰性能也与品种、遗传、生长速度、性别、饲养方式等有关。同一品种不同饲养方式性能不一样, 放养麻鸡胸肌率、腿肌率低于圈养麻鸡, 而屠宰率、腹脂率都高于圈养麻鸡。不同品种比较的结果, 圈养麻鸡屠宰率、胸肌率、腹脂率显著低于白羽肉鸡, 而腿肌率相差不大, 说明尽管麻鸡的饲养期长, 但体重增长慢, 屠宰性能不如快大型白羽肉鸡, 而肌肉的风味则随着饲养期的延长, 相对要好。因此, 本试验进一步说明麻羽肉鸡追求的是肌肉的品质, 虽然风味好, 但生长速度较慢; 而白羽肉鸡追求的是增长速度, 虽然肌肉风味较差, 但是生长速度较快, 屠宰率高。

(3) 本试验所选取的试验鸡非同一环境、相同条件下饲养, 对其饲养管理、疫病预防等过程未进行比对。

本文原载　国外畜牧学-猪与禽, 2010 (6): 69-70

杂交麻羽肉鸡肌肉粗蛋白质、脂肪含量

摘要：肌肉粗蛋白质、脂肪含量对肌肉的品质有影响，不同品种、不同性别、不同日龄、不同部位、不同饲养方式肌肉粗蛋白质、脂肪含量均不同，通过试验，白羽肉鸡肌肉粗蛋白质含量高于麻鸡，麻羽肉鸡肌肉脂肪含量高于白羽肉鸡。

肌肉粗蛋白质、脂肪含量对肌肉品质有直接影响，不同品种、不同饲养方式、不同日龄、不同性别、不同部位肌肉品质不同，本试验选取安卡麻公鸡与南宁麻母鸡的杂交子代麻羽肉鸡的圈养和放养两种形式的公母鸡各6只，分别取其胸肌、腿肌肉，检测其肌内粗蛋白质与肌内脂肪含量，并与白羽快大型肉鸡比较，研究麻羽肉鸡的肌肉品质。

1 材料与方法

1.1 材料

随机选取75日龄圈养安卡麻公鸡与南宁麻母鸡杂交的麻羽肉仔鸡公母各6只，取圈养的43日龄AA肉鸡商品代肉仔鸡公母各6只，取128日龄放养安卡麻公鸡与南宁麻母鸡杂交的麻羽肉仔鸡公母各6只，圈养鸡与放养鸡0～4周雏鸡阶段用正大全价三黄鸡饲料及AA肉鸡饲料，放养5周后的鸡以采食林下草、虫等为主，补充碎玉米等。统一屠宰，屠宰前禁食8h，脱毛、喙、脚鳞等，然后送实验室取样。

1.2 方法

1.2.1 肌肉粗蛋白质取料与检测方法

试样分解液的制备：将样品切碎，称取0.5～1.0g试样准确至0.000 2g，无损失地放入凯氏烧瓶中，加入催化剂（硫酸铜和硫酸钾）10g，20mol/L浓硫酸，在消化炉上小心加热，待样品焦化，泡沫完全消失后，再加强火力（360～410℃）直至溶液澄清后再加热消化2h。待消煮液冷却，加50mL蒸馏水移入100mL容量瓶，冷却后用蒸馏水稀释至刻度、摇匀，为试样分解液。

空白试验的设置：取与处理样品相同量的硫酸铜、硫酸钾、浓硫酸按同一方法做试剂空白试验。

试验操作过程：装好定氮装置，于水蒸气发生瓶内装水至约2/3处，加甲基红指示液数滴和数毫升硫酸，保持水呈酸性，加入数粒玻璃珠以防暴沸，加热煮沸水蒸气发生瓶内的水。向接收瓶内加入20mL 2%硼酸溶液及混合指示液 2 滴，并使半微量蒸馏装置的冷凝管末端浸入此溶液。准确移取 5mL 分解液注入蒸馏装置的反应室中，并少量蒸馏水洗涤小烧杯使之流入反应室内，塞紧入口玻璃塞。将 10mL 饱和氢氧化钠溶液倒入小玻璃杯中，小心提起玻璃塞使其缓缓流入反应室，立即将玻璃塞盖紧，并在入口处加水密封，以防漏气。加紧螺旋夹，开始蒸馏。蒸汽通入反应室使氨通过冷凝管而进入接收瓶内，蒸馏 3min，使冷凝管下端离开吸收液面，再蒸馏 1min 取下接收瓶，用蒸馏水洗冷凝管末端，洗液均流入接收瓶。

滴定操作：立即用 0.05mol/L 盐酸标准溶液滴定，吸收液颜色由绿色变为灰红色即达终点。同时吸取 5mL 试剂空白消化液操作。

计算：

蛋白质（%）=（$V_1 - V_0$）×c×K×0.014×V×100/m

其中，

V_1：样品消耗盐酸标准溶液的毫升数。

V_0：试剂空白消耗盐酸标准溶液的毫升数。

c：盐酸标准溶液的当量浓度。

K：蛋白质换算系数。

0.014：盐酸标准溶液 1mL 相当于氮的克数。

V：定容体积/取液量。

m：样品的重量。

1.2.2　肌肉脂肪取料与检测方法

前处理：将宰后新鲜胸肌和腿肌肉样剁成碎末，称取 2g 左右肉末置于 60℃ 烘箱中脱水至恒重 W。

仪器：全套索氏萃取装置，通风橱，电子天平，烘箱。

操作：将干燥肉样连同滤纸包称重，记为初重 W_1。然后放入索氏瓶中加入乙醚，启动通风、冷凝水和索氏加热器后。然后取下滤纸包置于干燥器中过夜，于次日将滤纸包置于 80℃ 干燥箱（13kPa 以下）中处理 1.5h，再将滤纸包取出称重，记为末重 W_2。

计算：样本肌内脂肪重=$W_1 - W_2$

肌内脂肪（%）=样本肌内脂肪重×100/W

2　结果与分析

2.1　肌内粗蛋白质含量检测结果分析

不同品种、饲养方式、性别、部位肉鸡肌内粗蛋白质含量测定结果见表 1。

表1　不同品种、饲养方式、性别、部位肉鸡肌内粗蛋白质含量测定结果

品种	性别	腿肌					胸肌				
		$m/$ g	$V_0/$ mL	$V_1/$ mL	$\Delta V/$ mL	肌内粗蛋白含量/ %	$m/$ g	$V_0/$ mL	$V_1/$ mL	$\Delta V/$ mL	肌内粗蛋白含量/ %
圈养麻鸡	公	3.049 9	1.22	26.70	25.48	21.090 7	3.045 7	0	29.56	29.56	24.499 2
	母	3.032 1	0.26	25.97	25.71	21.402 0	3.005 4	4.23	35.54	31.31	26.308 3
放养麻鸡	公	3.027 7	4.35	29.51	25.16	21.110 2	3.053 8	6.67	36.65	29.98	24.946 8
	母	3.074 2	0.56	26.32	25.76	21.285 2	3.046 0	6.56	37.57	31.02	25.865 5
白羽肉鸡	公	3.032 1	3.67	31.16	27.49	23.031 6	3.029 9	5.27	35.45	30.27	25.379 9
	母	3.050 2	4.9	30.79	25.89	21.561 5	3.047 0	4.31	34.85	30.54	25.460 1

注：m 为样品重（g），V_0 为试剂空白消耗盐酸的毫升数，V_1 为样品消耗盐酸标准溶液的毫升数，$\Delta V = V_1 - V_0$。

粗蛋白质 $= (V_1 - V_0) \times c \times K \times 0.014 \times V \times 100/m$，式中，$c$ 为盐酸标准溶液的当量浓度，白羽肉鸡、放养麻鸡 $c = 0.011\ 612\ 350\text{mol/L}$，圈养麻鸡 $c = 0.011\ 541\ 322\text{mol/L}$，$K$ 为蛋白质换算系数（6.25）。

通过比较，相同品种、不同性别白羽肉鸡腿肌粗蛋白质含量公鸡高于母鸡，圈养麻鸡、放养麻鸡的腿肌、胸肌及白羽肉鸡的胸肌粗蛋白质含量母鸡均高于公鸡，且有的较显著。不同品种、相同性别比较，白羽肉鸡腿肌粗蛋白质含量高于麻羽肉鸡。胸肌粗蛋白质含量麻羽肉鸡母鸡高于白羽肉鸡，白羽肉鸡公鸡高于麻羽肉鸡。

2.2　肌内脂肪含量检测结果分析

不同品种、饲养方式、性别、部位肉鸡肌内脂肪含量测定结果见表2。

表2　不同品种、饲养方式、性别、部位肉鸡肌内脂肪含量测定结果

品种	性别	腿肌					胸肌				
		$W/$ g	$W_1/$ g	$W_2/$ g	$\Delta W/$ g	肌内脂肪含量/ %	$W/$ g	$W_1/$ g	$W_2/$ g	$\Delta W/$ g	肌内脂肪含量/ %
圈养麻鸡	公	2.015 4	2.849 2	2.639 2	0.210 1	10.42	2.017 4	2.884 3	2.799 8	0.084 5	4.19
	母	2.014 9	2.902 4	2.724 3	0.178 1	8.84	2.015 5	2.850 6	2.764 4	0.086 2	4.28
放养麻鸡	公	2.037 9	2.878 4	2.548 3	0.330 1	16.19	2.042 8	2.912 0	2.736 8	0.175 2	8.58
	母	2.016 7	2.859 5	2.553 5	0.306 1	15.18	2.011 0	2.875 9	2.716 0	0.159 9	7.95
白羽肉鸡	公	2.015 3	2.923 6	2.241 8	0.181 8	9.02	—	—	—	—	—
	母	2.017 0	2.984 0	2.849 4	0.134 6	6.68	—	—	—	—	—

肌肉脂肪含量：同一品种、不同部位比较，试验组与对照组，腿肌脂肪含量大于胸肌，特别是麻羽肉鸡腿肌脂肪含量几乎是胸肌的 2 倍。同一品种、不同性别、同一部位比较，公鸡腿肌脂肪含量均高于母鸡，胸肌脂肪含量除放养麻鸡公鸡高于母鸡外，其他母鸡均高于公鸡。不同品种、同一性别腿肌比较，公鸡肌内脂肪含量，放养麻鸡高于圈养麻鸡，白羽肉鸡最低；母鸡肌肉脂肪含量，放养麻鸡也高于圈养麻鸡，白羽肉鸡最低。

3 讨论

（1）从试验结论可知，不同品种、不同饲养方式、不同日粮、不同饲养期肌内粗蛋白质、脂肪含量有差异，圈养鸡饲喂全价饲料且饲养期比放养鸡短，因此粗蛋白质含量比放养鸡略高，放养鸡 5 周后以草、虫为主，补以碎玉米且饲养期较长，肌内脂肪含量却高于圈养饲喂全价饲料的肉鸡，说明肌内粗蛋白质含量与日粮水平关系较大，而肌内脂肪沉积与饲养日龄关系较大。不同品种比较结果，白羽圈养肉鸡比麻羽圈养肉鸡肌内粗蛋白质含量相对高，放养麻鸡比圈养麻鸡肌肉脂肪含量高，圈养麻鸡比圈养白羽鸡肌肉脂肪含量高。而肌内脂肪含量对肌肉风味影响较大，说明麻羽肉鸡比白羽肉鸡风味要优，而放养麻羽肉鸡则比圈养风味更优。

（2）白羽肉鸡胸肌脂肪含量未做试验，有待进一步分析评价。麻羽肉鸡由于不同部位肌内粗蛋白质、脂肪含量不同，因此，不同部位肌肉风味不同，食用时腿、胸分开烹饪，更能体现麻羽肉鸡的品质优点。

本文原载 国外畜牧学-猪与禽，2010（6）：65-67

杂交麻羽肉鸡肌肉主要氨基酸、脂肪酸含量

摘要：对安卡麻与南宁麻母鸡杂交的麻羽肉鸡按不同性别、不同部位进行氨基酸检测，并与白羽肉鸡做相应的比较，氨基酸含量高低依次是圈养麻鸡 21.85%、圈养白羽肉鸡 20.30%、放养麻羽鸡 18.73%，皮下脂肪酸含量依次为圈养麻鸡 96.45%、放养麻鸡 92.45%、圈养白羽肉鸡 92.4%。

利用地方品系的鸡与引进的优良品种鸡杂交，培育出在羽色上为麻色，生长速度介于快大型肉鸡与土鸡之间，肉质鲜美、鸡肉营养丰富的新品系，不但是消费者的需求，也是广大养殖户在成本与效益、生长速度与鸡肉品质之间的追求，本文通过测定南宁麻母鸡与安卡麻公鸡杂交的商品代鸡，肌肉部分氨基酸与脂肪酸的相对含量，并与快大型白羽肉鸡比较，分析杂交麻羽肉鸡的营养特点。

1 材料与方法

1.1 试验组合设计

杂交麻羽肉鸡选取父系以安卡麻与母系以南宁麻杂交的商品代公母鸡，分封闭式全期圈养与育雏期圈养、育成期放养两种形式，对照组选取白羽快大型公母肉鸡。第一组为杂交麻鸡全期封闭式网上圈养；第二组为杂交麻鸡育雏期 0~4 周为封闭式圈养，5 周后为放养，第三组为对照组（表 1）。

表 1 试验组合设计

分组	品种	饲养期/d	饲养方式	试验数/个		平均体重/g	
				公	母	公	母
第一组	杂交麻鸡	75	全期封闭式圈养	6	6	2 860	2 188
第二组	杂交麻鸡	128	0~4 封闭式圈养，5 周后放养	6	6	2 606	2 031
第三组	白羽肉鸡	43	全期封闭式圈养	6	6	2 865	2 351

1.2 饲养管理

全封闭式饲养：自由采食、人工光照，按照免疫程序按时免疫，饲养密度 0~4 周 20~30 只/m²，5 周后 3~5 只/m²；放养麻鸡从第 5 周后放养于林下，夜间回巢补饲，补饲饲料以碎玉米为主，圈养饲料营养按表 2 配制。

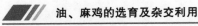

表 2　圈养、放养麻鸡与白羽肉鸡饲料营养水平

营养水平	圈养麻鸡		白羽肉鸡		放养麻鸡
	0~4 周	5~11 周	0~3 周	4~6 周	大于 5 周
粗蛋白质（≥）/%	20.0	16.0~18.0	20.5	17~19.0	以草、虫和补饲为主
粗纤维（≤）/%	6.0	6.0	6.0	6.0	
钙/%	0.80~1.30	0.7~1.3	0.8~1.3	0.70~1.30	
磷（≥）/%	0.55	0.55	0.55	0.55	
蛋氨酸+胱氨酸（≥）/%	0.8	0.7~0.8	0.85	0.7~0.85	
粗灰分（≤）/%	75	7.0~7.5	6.5	6.0	

1.3　肌肉氨基酸与脂肪酸测定方法

（1）样品准备。试验鸡准备，限饲 8h，屠宰时统一放血 5min，去毛、喙、脚鳞、趾等取样。氨基酸测定，根据不同分组、不同性别、不同部位（主要为腿肌和胸肌）共采集试验鸡鸡肉样品 12 个，样品重 58~90g，取同一只鸡胸肌和腿肌肉各 1 个样品，皮下脂肪按公母分别取，皮下脂肪每组分公鸡、母鸡 2 个样品共 6 个样品，样品采集后冷冻保存送农业部农产品质量监督检验测试中心。

（2）氨基酸测定主要仪器为 L8500A 型氨基酸分析仪，试验依据 GB/T 5009.124—2003[①]，皮下脂肪酸测定主要仪器为 GC2000 型气相色谱仪等，试验依据为 GB/T 17377—2008[②]。

2　氨基酸、脂肪酸检测结果

不同品种、不同性别、不同部位氨基酸检测结果见表 3 和表 4。

3　比对分析

3.1　不同品种、不同饲养方式、不同部位肌肉氨基酸含量比较

由表 3、表 4 可知，氨基酸的总量在所测定的不同品种、不同饲养方式、不同部位所含总量是不同的，且差异较大。

不同品种、不同饲养方式腿肌氨基酸总量比较结果如下。

母鸡：麻鸡圈养 24.50% > 白羽圈养 22.40% > 麻鸡放养 21.70%；

---

① 该标准已被 GB 5009.124—2016《食品安全国家标准　食品中氨基酸的测定》代替，全书下同。

② 该标准已被 GB 5009.168—2016《食品安全国家标准　食品中脂肪酸的测定》代替，全书下同。

表3　不同品种、性别、部位鸡肉氨基酸含量测定

单位：g/100 g

氨基酸种类	白羽圈养							麻羽圈养							麻羽放养						
	母鸡			公鸡			公母平均	母鸡			公鸡			公母平均	母鸡			公鸡			公母平均
	腿肌	胸肌	平均	腿肌	胸肌	平均		腿肌	胸肌	平均	腿肌	胸肌	平均		腿肌	胸肌	平均	腿肌	胸肌	平均	
天冬氨酸	1.94	1.53	1.74	1.80	1.64	1.72	1.73	2.15	1.66	1.91	2.14	1.68	1.91	1.91	1.89	1.49	1.69	1.97	1.52	1.75	1.72
苏氨酸	1.02	0.79	0.91	0.92	0.85	0.89	0.90	1.10	0.86	0.98	1.02	0.80	0.91	0.95	0.96	0.76	0.86	1.00	0.81	0.91	0.88
丝氨酸	0.88	0.72	0.80	0.82	0.77	0.80	0.80	0.96	0.78	0.87	0.80	0.70	0.75	0.81	0.76	0.64	0.70	0.81	0.72	0.77	0.73
谷氨酸	3.37	2.74	3.06	3.16	2.95	3.06	3.10	3.61	3.04	3.33	3.52	2.91	3.22	3.28	3.30	2.68	2.99	3.20	2.68	2.94	2.97
甘氨酸	0.87	0.78	0.83	0.88	1.08	0.98	0.90	0.98	0.80	0.89	1.00	1.02	1.01	0.95	0.89	0.80	0.85	0.91	0.90	0.91	0.97
丙氨酸	1.26	1.02	1.14	1.22	1.24	1.23	1.19	1.44	1.12	1.28	1.43	1.12	1.28	1.28	1.25	0.99	1.12	1.26	1.03	1.15	0.89
胱氨酸	0.00	0.22	0.11	0.29	0.24	0.27	0.19	0.24	0.28	0.26	0.27	0.26	0.27	0.27	0.27	0.22	0.25	0.27	0.26	0.27	0.46
缬氨酸	1.10	0.83	0.97	1.04	0.92	0.98	0.95	1.20	0.92	1.06	1.22	0.92	1.07	1.07	1.07	0.82	0.95	1.09	0.82	0.96	0.89
蛋氨酸	0.92	0.70	0.81	0.91	0.73	0.82	0.82	1.02	0.84	0.93	0.88	0.76	0.82	0.88	0.91	0.76	0.84	0.96	0.78	0.87	0.82
异亮氨酸	1.16	0.92	1.04	1.12	0.98	1.05	1.04	1.29	0.97	1.13	1.32	1.10	1.21	1.17	1.10	0.86	0.98	1.14	0.84	0.99	0.93
亮氨酸	1.79	1.41	1.60	1.70	1.47	1.59	1.59	1.97	1.50	1.74	1.90	1.52	1.71	1.73	1.81	1.40	1.61	1.84	1.44	1.64	1.54
酪氨酸	1.34	1.00	1.17	1.26	1.05	1.16	1.16	1.45	1.18	1.32	1.46	1.24	1.35	1.34	1.41	1.00	1.21	1.50	1.06	1.28	1.17
苯丙氨酸	1.13	0.85	0.99	1.04	0.90	0.97	0.90	1.22	0.90	1.06	1.22	1.12	1.17	1.12	1.03	0.82	0.93	1.12	0.82	0.97	0.90
赖氨酸	2.12	1.70	1.91	2.02	1.76	1.89	1.90	2.26	1.78	2.02	2.22	1.77	2.00	2.01	2.15	1.70	1.93	2.18	1.73	1.96	1.83
组氨酸	0.91	0.58	0.75	0.98	0.62	0.80	0.77	1.04	0.58	0.81	1.04	0.63	0.84	0.83	0.66	0.48	0.57	0.82	0.50	0.66	0.58
精氨酸	1.48	1.20	1.34	1.54	1.41	1.48	1.41	1.65	1.36	1.51	1.65	1.28	1.47	1.49	1.50	1.19	1.35	1.56	1.26	1.41	1.34
脯氨酸	0.78	0.68	0.73	0.77	0.80	0.79	0.76	0.88	0.73	0.81	0.79	0.77	0.78	0.80	0.74	0.68	0.71	0.76	0.72	0.74	0.73
氨基酸总和	22.40	17.80	20.10	21.40	19.40	20.40	20.30	24.50	19.30	21.90	23.90	19.60	21.80	21.85	21.70	17.30	19.50	22.40	17.90	20.15	18.73

公鸡：麻鸡圈养 23.90%>麻鸡放养 22.40%>白羽圈养 21.40%。

不同饲养方式胸肌氨基酸总含量比较结果如下。

母鸡：麻鸡圈养 19.30%>白羽圈养 17.80%>麻鸡放养 17.30%；

公鸡：麻鸡圈养 19.60%>白羽圈养 19.40%>麻鸡放养 17.90%。

胸肌、腿肌肉平均氨基酸含量比较结果如下。

母鸡：麻鸡圈养 21.90%>白羽圈养 20.10%>麻鸡放养 19.50%；

公鸡：麻鸡圈养 21.80%>白羽圈养 20.40%>麻鸡放养 20.15%。

不同品种公母平均氨基酸含量比较：麻鸡圈养 21.85%>白羽圈养 20.30%>麻鸡放养 18.73%。

表4 不同品种、不同性别肉鸡皮下脂肪酸相对含量　　　　　　单位:%

脂肪酸类别	白羽圈养			麻羽圈养			麻羽放养		
	公	母	平均	公	母	平均	公	母	平均
棕榈酸	26.50	26.00	26.25	28.30	29.50	28.90	27.00	26.80	26.90
硬脂酸	6.20	6.30	6.25	13.20	11.00	12.10	6.50	5.90	6.20
油酸	45.80	45.50	45.65	35.40	34.50	34.95	44.40	44.30	44.35
亚油酸	13.90	14.60	14.25	20.00	21.00	20.50	15.20	14.80	15.00
亚麻酸	未检出	未检出	—	未检出	未检出	—	未检出	未检出	—
合计	92.40	92.40	92.40	96.90	96.00	96.45	93.10	91.80	92.45

注：棕榈酸、硬脂酸、油酸、亚油酸、亚麻酸为上述 5 种脂肪酸总和的百分数。

3.2　不同品种、不同饲养方式、不同部位肌肉谷氨酸、甘氨酸含量比较

不同饲养方式肉鸡谷氨酸、甘氨酸相对含量见表5。

腿肌谷氨酸含量比较结果如下。

母鸡：麻鸡圈养 3.61%>白羽圈养 3.37%>麻鸡放养 3.30%；

公鸡：麻鸡圈养 3.52%>麻鸡放养 3.20%>白羽圈养 3.16%。

胸肌谷氨酸含量比较结果如下。

母鸡：麻鸡圈养 3.04%>白羽圈养 2.74%>麻鸡放养 2.68%；

公鸡：白羽圈养 2.95%>麻鸡圈养 2.94%>麻鸡放养 2.68%。

表5 不同饲养方式肉鸡谷氨酸、甘氨酸相对含量　　　　　　单位:%

氨基酸类别	麻羽圈养（♂+♀）			麻羽放养（♂+♀）			白羽圈养（♂+♀）		
	腿肌平均	胸肌平均	腿肌+胸肌平均	腿肌平均	胸肌平均	腿肌+胸肌平均	腿肌平均	胸肌平均	腿肌+胸肌平均
谷氨酸	3.565	2.99	3.277 5	3.25	2.68	2.965	3.265	2.845	3.055
甘氨酸	0.99	0.91	0.95	0.9	0.85	0.875	0.875	0.93	0.902 5

腿肌甘氨酸含量比较结果如下。

母鸡：麻鸡圈养 0.98%>麻鸡放养 0.89%>白羽圈养 0.87%；

公鸡：麻鸡圈养 1.00%>麻鸡放养 0.91%>白羽圈养 0.88%。

胸肌甘氨酸含量比较结果如下。

母鸡：麻鸡圈养 0.80%=麻鸡放养 0.80%>白羽圈养 0.78%；

公鸡：白羽圈养 1.08%>麻鸡圈养 1.02%>麻鸡放养 0.90%。

不同品种、不同饲养方式公母平均谷氨酸及甘氨酸比较如下。

腿肌谷氨酸平均含量依次是麻羽圈养 3.565%>白羽圈养 3.265%>麻羽放养 3.25%；胸肌谷氨酸平均含量依次为麻羽圈养 2.99%>白羽圈养 2.845%>麻羽放养 2.68%。不同品种、不同饲养方式胸肌、腿肌谷氨酸平均含量依次是麻羽圈养 3.277%>白羽圈养 3.055%>麻羽放养 2.965%。

不同品种、不同饲养方式腿肌甘氨酸平均含量依次是麻羽圈养 0.99%>麻羽放养 0.9%>白羽圈养 0.875%；胸肌甘氨酸平均含量依次是白羽圈养 0.93%>麻羽圈养 0.91%>麻羽放养 0.85%；不同品种、不同饲养方式胸肌、腿肌甘氨酸平均含量依次是麻羽圈养 0.95%>白羽圈养 0.902 5%>麻羽放养 0.875%。

3.3　不同品种、不同饲养方式、不同部位氨基酸组成

不同品种之间、不同饲养方式、不同部位之间、不同性别之间氨基酸相对含量存在一定差异，含量顺序相对稳定，但也有差异，其中前 9 项含量顺序比较固定，从高到低依次为谷氨酸>赖氨酸>天冬氨酸>亮氨酸>精氨酸>酪氨酸>丙氨酸>异亮氨酸>苯丙氨酸，后 8 位含量则相对固定。

3.4　不同品种、不同性别皮下主要脂肪酸相对含量

从表 4 可以看出，不同品种之间所测的 5 种主要脂肪含量不同，依次为麻羽圈养 96.45%>麻羽放养 92.45%>白羽圈养 92.40%。同一品种不同性别之间存在差异的是麻羽圈养鸡，公鸡为 96.90%，母鸡为 96.00%；麻羽放养鸡公鸡为 93.10%，母鸡为 91.80%，公鸡大于母鸡；而白羽圈养公母一致。在 5 种脂肪酸中除亚麻酸未检出外，含量大小依次为油酸>棕榈酸>亚油酸>硬脂酸。不同品种之间油酸含量白羽圈养 45.65%>麻羽放养 44.35%>麻羽圈养 34.95%；棕榈酸含量麻羽圈养 28.90%>麻羽放养 26.90%>白羽圈养 26.25%；亚油酸含量麻羽圈养 20.50%>麻羽放养 15.00%>白羽圈养 14.25%；硬脂酸含量麻羽圈养 12.10%>白羽圈养 6.25%>麻羽放养 6.20%。

4　讨论

（1）不同品种、不同性别、不同部位氨基酸含量有差异。同一品种、同

一性别不同部位氨基酸含量腿肌明显高于胸肌，而同一品种不同性别氨基酸含量总和差异较小，白羽圈养鸡公鸡20.40%＞母鸡20.10%，麻羽圈养公鸡21.80%＜母鸡21.90%，麻羽放养公鸡20.15%＞母鸡19.50%，不同品种氨基酸含量比较依次为麻羽圈养鸡21.85%＞白羽圈养鸡20.30%＞麻羽放养鸡18.73%，圈养鸡比放养鸡氨基酸含量高，说明饲喂全价饲料对鸡肉氨基酸含量有影响，同一饲养方式杂交麻鸡氨基酸含量比白羽鸡高，说明品种、饲养期对氨基酸含量有影响。

（2）与肌肉风味相关的氨基酸主要是谷氨酸和甘氨酸，同一品种不同部位两种氨基酸比较，除白羽圈养肉鸡腿肌甘氨酸略小于胸肌0.055%外，所有试验组和对照组腿肌谷氨酸和甘氨酸含量都大于胸肌；不同品种谷氨酸、甘氨酸含量比较，依次为麻羽圈养鸡＞白羽圈养鸡＞麻羽放养鸡，说明在相同饲养条件下，麻鸡品种比白羽品种风味优，也说明腿肌风味比胸肌优。

（3）虽然不同品种、不同饲养日龄、不同部位、不同饲养方式氨基酸含量不同，但是主要氨基酸含量多少的组成顺序大致一样，前几位依次是谷氨酸＞赖氨酸＞天门冬氨酸＞亮氨酸＞精氨酸＞酪氨酸＞丙氨酸＞异亮氨酸＞胱氨酸＞脯氨酸，组氨酸最小。说明无论品种、性别、肌肉部位，氨基酸的组成基本一致，特别是主要氨基酸含量大小顺序基本一致。

（4）脂肪酸含量也是影响肉质风味的重要因素，不但同一品种、不同性别之间脂肪酸的含量不同，而不同品种之间的脂肪酸含量也不同，含量最高的是麻羽圈养鸡96.45%，依次是麻羽放养鸡为92.45%，白羽圈养为92.4%。其次五种脂肪酸除亚麻酸未检出外，在鸡肉中无论品种、性别脂肪酸含量高低依次为油酸、棕榈酸、亚油酸、硬脂酸，排序相对稳定，这与前人研究的油酸、亚油酸、棕榈酸、硬脂酸排序不完全一致，脂肪酸含量高，肌肉风味较优，说明麻鸡放养比圈养风味好，麻羽圈养鸡比白羽圈养鸡风味优。

（5）通过试验进一步说明影响鸡肉氨基酸含量因素较多，如品种、饲养期长短、性别、饲料营养中的全价饲料以及饲料配方、饲养环境、饲养方式、机体健康状况、添加剂等因素有直接关系，如放养鸡明显低于圈养鸡，但在同一圈养条件下，不同品种、肌肉氨基酸含量有明显差异，试验中，麻羽圈养鸡比白羽圈养鸡氨基酸含量高。

本文原载　国外畜牧学-猪与禽，2011（1）：74-76

杂交麻羽肉鸡肌肉品质对比研究

摘要：不同品种、性别、环境、饲养方式、饲养期等对肌肉的品质有影响，试验通过对 75 日龄圈养麻羽肉鸡、128 日龄放养麻羽肉鸡肉品质测定，并与 43 日龄白羽肉鸡对比，在相同试验条件下，不同品种、不同性别、不同饲养方式肌肉色泽度、pH 值不同。肌肉嫩度方面，放养麻鸡公鸡大于圈养麻公鸡 3.411 9kg（2.537 倍）大于白羽圈养肉鸡 3.522 1kg（2.67 倍），圈养麻羽肉鸡公鸡大于白羽圈养肉鸡 0.110 2kg（1.052 倍），放养麻鸡母鸡也明显大于圈养麻羽、白羽肉鸡的母鸡。肌肉滴水损失方面，不同品种、同一性别胸肌、腿肌平均比较，公鸡的滴水损失率白羽肉鸡 4.38%>圈养麻鸡 3.71%>放养麻鸡 3.27%，母鸡的滴水损失率白羽圈养鸡 3.805%>圈养麻鸡 3.3%>放养麻鸡 2.91%。

鸡肉的品质与鸡的品种、饲养管理以及饲养方式等有密切关系，但是"新鲜、美味、安全"的鸡肉始终是消费者的需求，而传统地方品种虽然肉质鲜美，但生长速度慢，饲料报酬低，而快大型肉鸡刚好相反，为了兼顾消费者与饲养者的利益，本文以中速杂交麻羽肉鸡为试验对象，以快大型白羽肉鸡为比对，检测不同品种、不同饲养模式下各种鸡肉的肉质性状并对其进行综合评价与分析。

1 材料与方法

1.1 试验材料

随机选取 75 日龄圈养安卡麻公鸡与南宁麻母鸡杂交的麻羽肉仔鸡公母各 6 只，取圈养的 43 日龄白羽肉鸡商品代肉仔鸡公母各 6 只，取 128 日龄放养安卡麻公鸡与南宁麻母鸡杂交的麻羽肉仔鸡公母各 6 只，圈养鸡与放养鸡 0~4 周雏鸡阶段用正大公司的全价三黄鸡饲料及白羽肉鸡饲料，放养 5 周后的鸡以采食林下虫、草等，补充碎玉米等为主。统一屠宰，屠宰前禁食 8h，脱毛、喙、脚鳞等，后送实验室取样。

1.2 取样与测定

色泽：宰后 24h 内用色差仪（hunter lab-pp-900）测定左腿肌、左胸肌颜色。

pH 值测定：宰后 45min 快速测定 pH_1，后置于 4℃ 冰箱保存待 24h 后取样快速测定 pH_2。

滴水损失：宰后 2h 内取胸肌、腿肌各 3~4g，精确称重，然后离心

（7D5A-WS 台式低速离心机 4 000r/min）20min，用镊子取出肉样，并用吸水纸吸取肌肉表面水分后称重，失水率＝（离心前肉样重-离心后肉样重）/离心前肉样重×100%。

嫩度：肉样的准备，宰后 2h 于胸肌、腿肌顺肌肉纤维走向切成直径 1.27cm 的肉柱，装入塑料袋中，隔水煮 3min（肉条中心温度达到 85℃即可），迅速冷却至室温后编号，用物性测试仪（X. A Plus）测定其剪切力，每个样本重复 10 次。

2 检测结果与分析

2.1 色泽

检测结果见表 1。

表 1　不同品种、饲养方式、性别肉鸡色度测定结果

品种	性别	胸肌				腿肌			
		L	a	b	a/b	L	a	b	a/b
麻羽圈养	公	45.55	6.64	13.84	0.5	38.23	10.23	10.62	1
	母	46.87	6.29	14.96	0.4	37.07	8.56	8.61	1
麻羽放养	公	52.67	6.30	14.48	0.5	42.55	8.84	10.02	0.9
	母	51.18	6.75	15.55	0.5	46.54	7.12	11.98	0.6
白羽圈养	公	41.19	8.74	14.94	0.6	43.29	8.98	12.54	0.7
	母	42.99	8.73	15.62	0.6	41.01	9.24	13.92	0.7

注：L 为亮度，a 为红度，b 为黄度。

2.1.1 黄度（b）

从色泽测试结果分析，公鸡白羽圈养>麻羽放养>麻羽圈养；母鸡白羽圈养>麻羽放养>麻羽圈养。

2.1.2 不同品种比较

亮度（L）方面，麻羽放养>白羽圈养>麻羽圈养；红度（a）方面，白羽圈养>麻羽圈养>麻羽放养；黄度（b）方面，白羽圈养>麻羽放养>麻羽圈养。

不同品种、不同性别、不同部位肌肉亮度（L）、红度（a）、黄度（b）均不同。

胸肌红度（a）方面，公鸡白羽圈养>麻羽圈养>麻羽放养；母鸡白羽圈养>麻羽放养>麻羽圈养。

同一品种、同一性别不同部位分析，亮度（L）方面，胸肌>腿肌；红度

（a）方面，腿肌>胸肌；黄度（b）方面，胸肌明显大于腿肌。

2.1.3　不同品种同一性别胸、腿平均比较

亮度（L）比较结果如下。

公鸡：麻羽放养>白羽圈养>麻羽圈养。

母鸡：麻羽放养>白羽圈养>麻羽圈养。

红度（a）比较结果如下。

公鸡：白羽圈养>麻羽圈养>麻羽放养。

母鸡：白羽圈养>麻羽圈养>麻羽放养。

2.2　pH 值

pH 值测定结果见表 2。

表 2　不同品种、饲养方式、性别肉鸡 pH 值测定结果

麻羽圈养				麻羽放养				白羽圈养			
公		母		公		母		公		母	
pH_1	pH_2	pH_1	pH_2	pH_1	pH_2	pH_1	pH_2	pH_1	pH_2	pH_1	pH_2
5.82	5.74	5.74	5.73	5.65	5.72	5.71	5.73	5.95	5.82	5.78	5.76

24h 时 pH 值小于宰后 45min pH 值。同一品种不同性别比较，麻羽圈养 pH 值公鸡大于母鸡，麻羽放养相反；不同品种公母平均比较，pH 值白羽大于麻羽。

表 3　不同饲养方式鸡 pH 值变化

品种和饲养方式	45min	24h
麻羽圈养	5.795	5.735
麻羽放养	5.68	5.725
白羽圈养	5.865	5.719

从试验可知，麻羽圈养、白羽圈养宰后 24h 时 pH 值均小于宰后 45min pH 值。同一品种、不同性别比较，麻羽圈养、白羽圈养公鸡 pH 值大于母鸡，而麻羽放养则相反。不同品种 pH 值比较，宰后 45min 白羽圈养>麻羽圈养>麻羽放养。

2.3 嫩度

不同品种、饲养方式、性别肉鸡嫩度测定结果见表4。

表4 不同品种、饲养方式、性别肉鸡嫩度测定 单位：kg

项目	麻鸡圈养 公		麻鸡圈养 母		麻鸡放养 公		麻鸡放养 母		白羽圈养 公		白羽圈养 母	
	胸	腿	胸	腿	胸	腿	胸	腿	胸	腿	胸	腿
剪切力	2.531 7	1.906 7	2.385 8	1.905 2	7.207 0	4.055 3	5.312 0	3.300 0	2.133 0	1.832 1	2.376 9	1.815 2
平均	2.219 2		2.019 1		5.631 1		4.306		2.109		2.096	

表中可知，同一品种公鸡剪切力大于母鸡。同一品种、同一性别胸肌剪切力大于腿肌。不同品种比较，公鸡胸肌的剪切力，麻羽放养>麻羽圈养>白羽圈养；公鸡腿肌的剪切力，麻羽放养>麻羽圈养>白羽圈养；母鸡胸肌的剪切力，麻羽放养>麻羽圈养的剪切力白羽圈养；母鸡腿肌的剪切力，麻羽放养>麻羽圈养>白羽圈养。

2.4 滴水损失

滴水损失测定结果见表5。

表5 不同品种、饲养方式、性别肉鸡滴水损失测定结果

品种和饲养方式		腿肌 W_1/g	W_2/g	$\Delta W/g$	滴水损失率/%	胸肌 W_1/g	W_2/g	$\Delta W/g$	滴水损失率/%
麻羽圈养	公	3.392	3.285 9	0.106 1	3.13	3.425 2	3.275 7	0.149 6	4.39
	母	3.389 4	3.292 1	0.097 3	2.87	3.390 2	3.263 6	0.126 6	3.73
麻羽放养	公	3.204 1	3.106 9	0.097 2	3.03	3.625 5	3.498 3	0.127 2	3.51
	母	3.309 3	3.217 6	0.091 7	2.77	3.590 5	3.480 5	0.11	3.05
白羽圈养	公	3.317 4	3.213 1	0.104 3	3.15	3.339 9	3.154 7	0.185 2	5.61
	母	3.316 1	3.216 6	0.099 6	3.01	3.422 6	3.266 8	0.155 8	4.6

注：W_1 为离心前肉样重；W_2 为离心后肉样重；$\Delta W = W_1 - W_2$；滴水损失率（%）= $\Delta W/W_1 \times 100\%$。

同一品种、同一性别腿肌滴水损失率低于胸肌且圈养鸡母鸡差距较大，白羽母鸡腿肌比胸肌低1.59个百分点，圈养麻公鸡腿肌比胸肌低1.26个百分点；同一品种公母比较，母鸡腿肌、胸肌滴水损失低于公鸡；不同品种、同一性别胸肌和腿肌平均值比较，滴水损失率公鸡白羽圈养4.38%>麻羽圈养

3.71%>麻羽放养 3.27%，母鸡白羽圈养 3.805%>麻羽圈养 3.3%>麻羽放养 2.91%。

3　讨论

3.1　肉色

肉色（主要是亮度、红度、黄度）是肉质的重要性状之一，主要由肌红蛋白、氧和肌红蛋白和高铁肌红蛋白的状态和相对含量决定，是反映肌肉的生理、生化及微生物学变化的综合指标。试验结果表明，不同品种、不同性别、不同饲养方式、不同部位肌肉亮度、红度、黄度都不同，相比较，麻鸡放养亮度值最大，白羽圈养红度值、黄度值最大。

3.2　pH 值

pH 值与肌肉的保藏性、煮熟损失等有关，pH 值过高不利于食用，过低不利于保存。一般 pH 值变化曲线是宰后先降，到肌肉僵直时最低，而僵直解除后，pH 值开始逐渐上升。从试验可知，宰后 4℃保存麻羽圈养、白羽圈养肌肉僵直时间超过 24h，麻羽放养则小于 24h，白羽圈养比麻羽 pH 值高，麻羽圈养比麻羽放养高，宰后 45min 鸡肉的 pH 值均在 5~6。

3.3　嫩度

肌肉嫩度是用剪切力来表示，剪切力值越大，嫩度越小，嫩度是决定肌肉口感的主要指标，肌肉质地越好，肌肉纤维越细，肌肉越细嫩，而肌肉嫩度是由肌肉中结缔组织，肌原纤维、肌浆等 3 种蛋白质组成，是决定肉品质的主要物质。不同品种、不同饲养方式、不同饲养期、不同性别、不同部位嫩度不一。从试验可知，嫩度麻羽<白羽，放养<圈养，说明麻羽食用时的咀嚼感比白羽好。

3.4　滴水损失

滴水损失是衡量肌肉蛋白质保持水分的能力，是一项重要的肉质指标，直接影响肉的风味、质地、营养成分、多汁性等，与品种、年龄、性别、肌肉部位、屠宰前后肉的变化等因素相关。从试验结果可以得出，在同等条件下，滴水损失麻羽比白羽低，麻羽放养比麻羽圈养低，母鸡比公鸡低，说明品种、年龄、性别、饲养方式与肌肉的保藏有很大关系，而麻羽比白羽肌肉品质要优。

3.5　小结

试验证明，虽然影响肌肉品质的因素较多，但是品种和日龄对肌肉品质的影响最大，而肌肉品质决定肌肉风味，麻鸡在羽色、肉品风味上要优于快大型白羽肉鸡，但是不同部位的肌肉品味、口感、营养也是不一样的。因此，食用时应根据消费者需求和喜好，分割食用品味更优，更能体现出鸡肉的价值。除此之外，肌肉品质也与鸡的饲养期长短、饲养环境、方式等因素有直接关系，放养鸡肌肉品质更优，更适于高消费群体食用。

本文原载　国外畜牧学-猪与禽，2011（1）：70-72

第三部分

油、麻鸡的杂交利用

油麻鸡的杂交选育

摘要：利用拜城油鸡与良凤花鸡进行杂交，所繁育出的子代称为"油麻鸡"，油麻鸡兼顾拜城油鸡与良凤花鸡的突出性能，其成活率比良凤花鸡高，抗病力强，耐粗饲，适于放牧，比拜城油鸡体重大，饲料报酬高，屠宰性能高，油麻鸡耐寒，灵活，善食虫草，特别适于林下养殖。

关键词：油麻鸡；杂交；选育

为了提高拜城油鸡的屠宰性能，提高良凤花鸡的抗病性及适应性，本试验培育出适于林下（山林、果林、园林等）散养的肉蛋兼用型"土鸡"品系，试验选用拜城油鸡的公鸡与良凤花鸡父母代母鸡进行杂交，培育出 F_1 代，选择 F_1 代青脚黑麻羽色的体格健康的 1.5kg 以上母鸡作为母本再与拜城油鸡公鸡进行回交培育出 F_2 代，选择 F_2 代高脚、青腿黑麻羽色母鸡和高脚、羽色黑黄的公鸡进行自交，得到 F_3 代 A 型油麻鸡，选择 F_2 代高脚、青腿黑麻羽色体重大于 1.5kg 以上健康母鸡作为母本与良凤花鸡进行杂交，得到 F_3 代 B 型油麻鸡。

1 杂交品种的性能特点

1.1 拜城油鸡特点

属于肉蛋兼用型地方鸡种，2010 年 1 月 15 日被列入国家畜禽资源名录。拜城油鸡分为高脚型与矮脚型。矮脚型脚短骨细、头小而轻，结构坚实、胫短而直；高脚型脚高骨粗、头大而粗，形如鹰头，体格壮实，胫长。拜城油鸡冠形以单冠、玫瑰冠和豆冠为主。母鸡以麻黑、麻黄、麻灰、纯黑、黑褐、黄褐羽色为主；公鸡以金黄色、红黄黑羽色为主。肉垂发达，红颜，脚青色，肌肉肉质鲜美。根据革明古丽等报道，一般 22 周龄左右开产，一个产蛋周期拜城油鸡群体平均产蛋数 110 个左右，个体产蛋数在 80~140 个。22 周龄公鸡平均体重为 2.086kg，母鸡平均体重 1.334kg，平均屠宰率公鸡 82.23%，母鸡83.46%，高脚比矮脚要重且食草性好、耐粗饲、抗病力极强、耐寒，适于放牧饲养。

1.2 良凤花鸡

良凤花鸡是广西南宁当地的土鸡（黄鸡）与白羽海波罗或星波罗肉鸡杂交的品种，1990 年命名为良凤花鸡，有多个配套品系，以麻羽为主，有黑麻、黄麻、灰麻，单冠，冠、肉髯红润，生长速度快，饲料报酬高，体重大，70日龄圈养，公鸡平均体重 2.431kg，料肉比 2.22，母鸡平均体重 1.680kg，料肉比 2.67，父母代母鸡单产 185 枚，最大特点是生长速度快，性早熟，冠鲜红，外貌酷似土鸡，饲养周期短，适于圈养，生产效益好。

2 杂交选育的目的与目标

2.1 选育的目的

培育适于林下放牧、抗病力强、适应性好、体重大、屠宰性能高、食草性能好、肉质品质好，既符合消费者喜爱的优质土鸡的要求，又能降低饲养成本，提高养殖效益，增加养殖者的收入。

2.2 选育目标

商品代放养，42d 育成成活率达到 95% 以上，120d 出栏体重公鸡达到 1.9kg以上，母鸡达到 1.4kg 以上，公鸡屠宰率达到 85% 以上，母鸡屠宰率达到 85% 以上，且肉髯红润，羽毛光亮，青脚、长胫，羽色母鸡以麻黑、纯黑为主，公鸡以红黄黑羽为主，耗料成本控制在 15~20 元（育雏料、生长期补料）。

3 杂交方案

杂交方案见图 1。

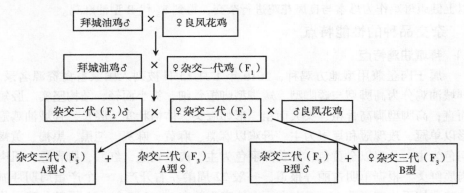

图 1 杂交方案

4 杂交选育

采用优选法，拜城油鸡的公鸡，选择 150 日龄育成鸡，体重大于 2.2kg，单冠或豆冠，冠肉髯红润，长胫，红黄黑羽色鲜亮，运动性好，精液品质好，一次性采精量≥0.5mL，密度≥30 亿个/mL，呈乳白（黄）无血丝，火力强，健康，鸡白痢检出率为阴性。

良凤花父母代母鸡：180 日龄黑麻羽色光亮，体重 3.57kg，健康鸡白痢检疫为阴性，良凤花鸡父母代公鸡 180 日龄红黄黑羽色为主，长胫，精液品质好，由于体重大，品质标准略高于拜城油鸡。

F_1 代与 F_2 代选择 160 日龄公、母鸡，公鸡以红黄黑羽色为主，母鸡以黄黑羽色为主，公鸡体重大于 2.2kg，母鸡体重大于 1.6kg，健康；公鸡精液品质优良，6 周龄第 1 次选种，F_2 代公鸡大于 500g，母鸡大于 400g，160日龄第 2 次选种，公鸡体重大于 2.2kg，母鸡体重大于 1.6kg，鸡白痢检疫为阴性。

5　达到的性能指标

5.1　F_2 代生产性能指标

F_2 代母鸡开产日龄为 120d，5%产蛋日龄为 140d，一周单产达到 0.47 枚，最高产蛋高峰在 27 周达到 87.9%。F_3 代 A 型种蛋受精率平均达到 96.3%，受精蛋孵化率达到 96.3%，健雏率达到 95.8%。F_3 代 B 型种蛋受精率平均达到 96.5%，受精蛋孵化率达到 96.5%，健雏率达到 96.4%。

5.2　F_3 代 A 型与 F_3 代 B 型育雏期末性能指标

油麻鸡 F_3 代育雏期末性能指标见表 1。

表 1　育雏期末性能指标

	成活率/%	平均耗料/kg	平均体重/g
油麻鸡 F_3 代 A 型	98.6	1.51	674.7
油麻鸡 F_3 代 B 型	95.4	1.78	682.4

5.3　F_3 代屠宰性能

油麻鸡 F_3 代 120 日龄屠宰性能见表 2。

表 2　油麻鸡 F_3 代 120 日龄屠宰性能

指标	油麻鸡 F_3 代公鸡		油麻鸡 F_3 代母鸡	
	A 型	B 型	A 型	B 型
体重/g	2 159.53±518.5	2 301.33±143.2	1 443.73±206.27	2 086.80±54.45
屠宰率/%	88.96±1.55	87.17±4.89	87.88±2.91	91.95±1.28
全净膛率/%	61.94±1.89	64.78±3.05	60.10±2.80	63.13±1.96
半净膛率/%	81.15±2.38	82.31±2.89	79.17±4.35	82.82±2.19
胸肌率/%	17.82±2.42	17.40±3.07	17.82±2.99	17.40±3.07
腿肌率/%	24.96±1.90	22.94±1.99	21.40±1.62	22.94±1.99
腹脂率/%	2.13±1.75	—	4.48±3.72	—

5.4　F₃ 代体尺性能

油麻鸡 F₃ 代 120 日龄体尺性能见表 3。

表 3　油麻鸡 F₃ 代 120 日龄体尺性能

指标	油麻鸡 F₃ 代公鸡		油麻鸡 F₃ 代母鸡	
	A 型	B 型	A 型	B 型
体重/g	2 159.53±518.5	2 301.33±336.48	1 443.73±206.27	2 086.80±297.50
体斜长/cm	24.97±1.40	22.73±1.25	22.43±0.98	22.09±1.73
龙骨长/cm	14.21±0.85	13.95±0.83	13.03±0.85	13.19±1.81
胸宽/cm	7.49±0.80	7.73±0.68	6.20±0.96	7.39±0.70
胸深/cm	6.92±0.46	7.61±0.49	6.24±0.81	6.90±0.62
胫长/cm	13.2±0.64	12.08±0.71	10.54±1.19	10.53±0.55
胫围/cm	5.33±0.42	5.65±0.39	4.64±0.39	5.06±0.39

6　分析与结论

6.1　分析

利用拜城油鸡与良凤花鸡进行杂交,所选育出的油麻鸡 F₃ 代 A 型屠宰性能虽然比拜城油鸡高,但与 F₃ 代 B 型比较略低。矮脚型 F₃ 代 A 型,F₃ 代 B型公母鸡可适于规模化圈养,F₃ 代 A 型矮脚母鸡也可作为土鸡的产蛋鸡种;F₃ 代 B 型高脚公母鸡适于林下放牧。F₃ 代 A 型比 F₃ 代 B 型羽色一致性高,无论 F₃ 代 A 型、F₃ 代 B 型,在今后的规模推广中,其在 F₁ 代、F₂ 代仍需严格科学地选种、选育,不但使其遗传性能稳定,而且使其生产性能得到进一步提高。

6.2　结论

利用拜城油鸡与良凤花鸡通过杂交、回交与本交培育出的 F₃ 代 A 型与 F₃代 B 型商品代油麻"土鸡",肌肉风味、生产效益均比拜城油鸡高,适应性与抗病力也比良凤花鸡强,两种品型的油麻鸡既可规模化饲养也可放牧散养,既有产蛋型也有产肉型,达到了杂交选育的目标。

本文原载　*新疆畜牧业*,2020(1):20-22

不同杂交组合油麻鸡的孵化性能

摘要：针对培育的新疆油麻鸡3个不同组合（品系），观测其种蛋的蛋重、受精率、孵化率、健雏率、羽色变异率等指标变化情况，对比并分析3个组合孵化性能，结果显示，3个组合除羽色变异差异显著外（$P<0.05$），其他指标差异不显著（$P>0.05$），整体孵化性能表现优于麻羽肉鸡。

关键词：油麻鸡；孵化性能

本文跟踪观测的油麻鸡系使用拜城油鸡公鸡与麻羽肉鸡母鸡进行杂交，首先繁育出 F_1 代；选育黑羽、豆冠、高脚、青脚体型健壮的 F_1 代母鸡再与纯种拜城油鸡的公鸡回交，繁育出 F_2 代；选育黑羽、豆冠、青脚、高脚体型健壮的 F_2 代母鸡与红黄黑羽、高脚、豆冠（玫瑰冠）、体型健壮的 F_2 代公鸡自繁，繁育出 F_3 代 I 系（简称油×系或 A 系）作为油麻鸡商品代；用 F_2 代的母鸡与麻羽肉鸡的公鸡杂交，繁育出 F_3 代 II 系（简称油×麻系或 B 系）油麻鸡商品代；用 F_2 代的公鸡与麻羽肉鸡母鸡杂交繁育出 F_3 代 III 系（简称麻×油系或 C 系）油麻鸡商品代。按照杂交组合方案观测共计孵化 5 个批次，入孵种蛋 17 679 枚，A 系 8 284 枚、B 系 7 152 枚、C 系 2 243 枚；孵化出健康油麻鸡雏鸡 13 683 只，A 系 6 380 只、B 系 5 653 只、C 系 1 650 只。

1 材料与方法

1.1 材料

种蛋 17 679 枚，其中 A 系 8 284 枚、B 系 7 152 枚、C 系 2 243 枚。

1.2 孵化机

中国蚌埠华丰模糊电脑孵化机 HFF(C)DM 型新一代网络群控系统，电子秤。

1.3 观测方法

跟踪记录及测量。

1.4 选材

拜城油鸡由乌鲁木齐昊翔养殖专业合作社提供，麻羽肉鸡购自新疆红海种鸡场。

1.5 饲料

育雏期间使用新疆三旺饲料有限公司提供的肉杂鸡饲料，开产前饲喂的是新疆新希望饲料有限责任公司生产的蛋中鸡配合饲料 511，开产后饲喂的是新疆正大公司生产324H黄麻种鸡产蛋期配合饲料。

1.6 饲养管理

笼上养殖，人工授精。

2 结果

5个批次油麻鸡不同杂交组合种蛋孵化观测情况见表1。

表1　5个批次油麻鸡不同杂交组合种蛋孵化观测情况

批次	品系	入孵种蛋数量/枚	平均蛋重/g	入孵蛋受精率/%	出雏数/只	受精蛋孵化率/%	健雏率/%	羽色变异率/%
1	A系	1 800	49.47	88.8	1 585	99.2	99.1	2.35
	B系	1 400	50.20	90.7	1 210	95.3	95.3	26.70
	C系	160	55.20	92.0	139	94.6	93.5	10.80
2	A系	1 372	49.50	89.0	1 180	96.7	94.1	3.42
	B系	1 350	50.50	89.9	1 210	99.6	99.2	28.20
	C系	375	56.20	89.9	321	95.3	95.0	10.28
3	A系	1 445	49.60	92.0	1 260	94.8	95.2	2.50
	B系	1 200	51.10	88.7	1 030	96.7	97.1	31.80
	C系	436	57.60	89.9	378	96.4	95.2	15.80
4	A系	1 650	49.80	81.2	1 270	94.7	94.5	2.83
	B系	1 465	52.30	86.3	1 230	97.2	97.6	28.30
	C系	567	58.90	85.5	440	90.7	91.0	11.30
5	A系	1 885	50.00	74.5	1 350	96.1	96.3	3.54
	B系	1 650	82.90	76.0	1 180	93.7	93.2	28.50
	C系	652	59.80	63.2	405	98.0	98.8	12.50

3　分析讨论

3.1 蛋重

从表2及图1可以看出，A、B、C三个品系蛋重平均分别为49.7g、51.5g、58.9g，都随着日龄的增加，呈现不断增加的特征，A、B系增长幅度较小，C系增长幅度较大。主要原因是A、B系母本为拜城油鸡，C系母本为快大型麻羽肉鸡，可见蛋重与遗传有直接关系，肉鸡的蛋重大于蛋鸡和土鸡。

表2　油麻鸡3个杂交组合平均蛋重观测情况

单位：g

杂交组合	26~28周龄	29~30周龄	31~32周龄	33~34周龄	35~37周龄	平均
A系	49.4	49.5	49.6	49.8	50	49.7
B系	50.2	50.5	51.1	52.8	52.9	51.5
C系	55.2	56.2	57.6	58.9	59.8	58.9

3.2　受精率

从表3及图2可以看出，A、B、C三个品系入孵受精蛋受精率分别在94.7%~99.2%、93.7%~99.6%、90.7%~98%，平均受精率为96.3%、96.5%、95%，差异不显著（$P>0.05$）。影响种蛋受精率的因素较多，最直接原因是人工授精的次数鸡技术、公鸡的精液品质以及母鸡的健康状况等。

3.3　受精蛋孵化率和健雏率

从表3、表4、图2及图3可以看出，A、B、C三个品系受精蛋孵化率平均为96.3%、96.5%、95.0%，差异不显著（$P>0.05$）。三个品系健雏率分别为95.8%、96.4%、94.8%，经SPSS 13.0软件进行单因素分析，结果孵化率0.546，健雏率0.572，差异不显著（$P>0.05$）。相较于实践生产麻羽肉鸡受精蛋孵化率90%、健雏率97%，A、B、C三个品系受精蛋孵化率明显高于麻羽肉鸡；健雏率差异不显著（$P>0.05$）。本次试验的杂交鸡破壳早，破壳整齐，粘羽少，卵黄吸收好，叫声清脆，精神好，整体表现优于麻羽肉鸡。

表3　油麻鸡不同品系受精蛋孵化率观测情况

单位：%

杂交组合	26~28周龄	29~30周龄	31~32周龄	33~34周龄	35~37周龄	平均
A系	99.2	96.7	94.8	94.7	96.1	96.3
B系	95.3	99.6	96.7	97.2	93.7	96.5
C系	94.6	95.3	96.4	90.7	98.0	95.0

表4　油麻鸡不同品系健雏率观测情况

单位：%

杂交组合	26~28周龄	29~30周龄	31~32周龄	33~34周龄	35~37周龄	平均
A系	99.0	94.1	95.2	94.5	96.3	95.8
B系	95.0	99.2	97.1	97.6	93.2	96.4
C系	94.0	95.0	95.2	91.0	98.8	94.8

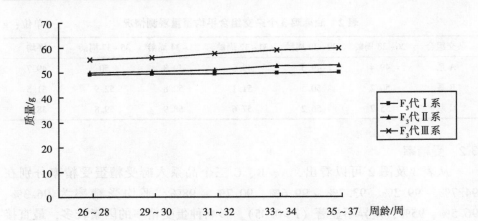

图1 油麻鸡3个杂交组合蛋重观测趋势

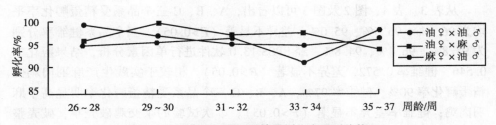

图2 油麻鸡不同品系受精蛋孵化率观测趋势

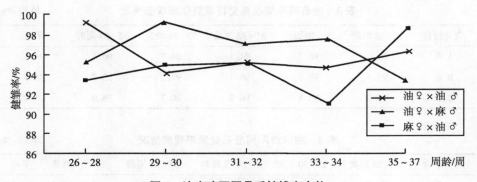

图3 油麻鸡不同品系健雏率走势

3.4 羽色变异率

从表5及图4的观测结果可以看出，A、B、C三个品系羽色变异率2.93%、28.7%、12.1%，B系>C系>A系，羽色与品种、性别有极大的相关性，母本系统父本不同，子代羽色变异率大，A 系<B 系（P<0.05）；母本不同，父本相同，C 系比 A 系变异系数大（P<0.05）。由此可见，公鸡比母鸡对羽色的遗传较明显。

表5　油麻鸡不同品系羽色变异率观测情况　　　　　　　　　　　单位:%

杂交组合	26~28 周龄	29~30 周龄	31~32 周龄	33~34 周龄	35~37 周龄	平均
A 系	2.35	3.42	2.50	2.83	3.54	2.93
B 系	26.70	28.20	31.80	28.30	28.50	28.70
C 系	10.80	10.28	15.80	11.30	12.50	12.10

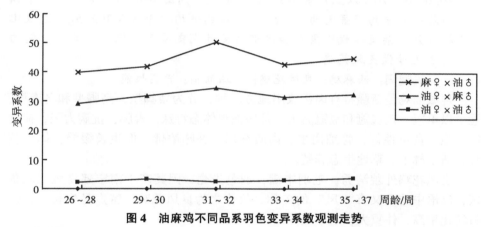

图4　油麻鸡不同品系羽色变异系数观测走势

4　小结

对于 F_3 代的油麻鸡，无论以油鸡为父本与麻鸡为母本的组合，还是油鸡为母本与麻鸡为父本的杂交组合，杂交优势都能得到体现，其受精蛋孵化率、健雏率平均都高于麻羽肉鸡，品系之间羽色变异率差异显著。

本文原载　新疆畜牧业，2019（4）：27-29

拜城油鸡和良凤花鸡杂交二代产蛋性能

摘要：利用拜城油鸡公鸡与良凤花母鸡进行杂交得到 F_1 代，再利用 F_1 代母鸡与拜城油鸡公鸡回交得到 F_2 代（简称杂交二代），在圈养环境下将杂交二代与父母代良凤花鸡产蛋性能进行比较，结果显示，杂交二代 18 周龄（120 日龄）开产，最高产蛋率为 87.94%，70% 以上产蛋率维持 16 周，35 周龄蛋平均重为 53g，到 44 周龄每只平均产蛋量为 119.48 枚，F_2 代母鸡平均体重为 2 178.4g，公鸡平均体重为 2 933.4g；父母代良凤花鸡 26 周龄（182 日龄）开产，最高产蛋率为 79.01%，70% 以上产蛋率维持 4 周；35 周龄蛋平均重为 59g，到 44 周龄每只平均产蛋量为 78.29 枚，母鸡平均体重为 3 392.5g。通过比较可知，杂交二代除蛋重和体重比父母代良凤花鸡轻外，其他性能均高于父母代良凤花鸡。

关键词：油麻鸡；良凤花鸡；拜城油鸡；产蛋性能

拜城油鸡是新疆特有肉蛋兼用地方品种，分为矮脚型、高脚型和乌肉型，冠形以单冠、玫瑰冠和豆冠为主，拜城油鸡体态特殊，青脚，抗病力强，捕食能力强，食草性好，骨细肉多、肉质细嫩、香味浓郁，但生长缓慢，体重较轻，适于林下、草地生态养殖。

良凤花鸡外貌清秀，毛羽丰满，羽色光亮，因其产于南宁郊良凤江风景区，汉语中的鸡又有"凤"的美称，故称之为良凤花鸡，特点是生长快，饲料转化率高，体重大，适于圈养。

为了提高拜城油鸡的体重，保持拜城油鸡的肌肉品质，根据拜城油鸡和良凤花鸡各自优势，用纯种拜城油鸡公鸡和良凤花鸡母鸡杂交得到 F_1 代，选育黑羽、豆冠、高脚、青脚体型健壮的 F_1 代母鸡再与纯种拜城油鸡公鸡进行回交得到 F_2 代（简称杂交二代），本文重点对杂交二代的产蛋性能与父母代良凤花鸡、纯种拜城油鸡进行比较，以研究杂交二代在新疆推广养殖的可能性。

1 材料和方法

1.1 材料

乌鲁木齐近郊某种鸡场 300 只油麻母鸡 F_2 代。

1.2 方法

对 18 周龄后各周龄杂交二代的存栏数、死淘数、产蛋数、平均单产、产蛋率进行统计，研究其产蛋性能，并与在相同环境下饲养的 50 只父母代良凤花鸡产蛋性能进行比较。

开产前饲喂的是新疆新希望饲料有限责任公司生产的蛋中鸡配合饲料511，开产后饲喂的是新疆正大公司生产 324H 黄麻种鸡产蛋期配合饲料。

2　结果与分析

2.1　结果

2.1.1　18~44 周杂交二代产蛋性能

18~44 周杂交二代产蛋性能见表 1。

表 1　18~44 周杂交二代产蛋性能

周龄	存栏数/只	死淘数/只	产蛋数/枚	平均单产/枚	产蛋率/%
18 周	300	0	4	0.01	0.19
19 周	300	0	22	0.07	1.05
20 周	300	2	141	0.47	6.72
21 周	298	2	457	1.53	21.90
22 周	296	2	917	3.10	44.26
23 周	294	1	1 334	4.54	64.82
24 周	293	3	1 428	4.87	69.63
25 周	290	0	1 487	5.13	73.26
26 周	290	0	1 643	5.67	80.94
27 周	290	1	1 785	6.16	87.94
28 周	289	1	1 745	6.04	86.26
29 周	288	2	1 699	5.90	84.28
30 周	286	0	1 625	5.68	81.17
31 周	286	0	1 571	5.49	78.48
32 周	286	2	1 497	5.23	74.78
33 周	284	5	1 443	5.08	72.59
34 周	279	7	1 393	4.99	71.33
35 周	272	1	1 429	5.25	75.06
36 周	271	4	1 354	5.00	71.38
37 周	267	2	1 378	5.16	73.73
38 周	265	0	1 355	5.07	72.51

(续表)

周龄	存栏数/只	死淘数/只	产蛋数/枚	平均单产/枚	产蛋率/%
39 周	267	1	1 339	5.01	71.64
40 周	266	2	1 312	4.93	70.48
41 周	264	1	1 285	4.87	69.53
42 周	263	0	1 266	4.81	68.79
43 周	262	1	1 240	4.71	67.35
44 周	262	0	1 226	4.68	66.87
合计	262	40	33 375	119.48	—

2.1.2　21~44 周父母代良凤花鸡产蛋性能

21~44 周父母代良凤花鸡产蛋性能见表 2。

表 2　21~44 周父母代良凤花鸡产蛋性能

周龄	存栏数/只	死淘数/只	产蛋数/枚	平均单产/枚	产蛋率/%
21 周	50	0	0	0	0
22 周	50	0	0	0	0
23 周	50	0	0	0	0
24 周	50	0	0	0	0
25 周	50	0	0	0	0
26 周	50	0	14	0.28	4.00
27 周	50	1	50	1.00	14.29
28 周	49	0	125	2.55	36.44
29 周	49	0	205	4.18	59.77
30 周	49	0	271	5.53	79.01
31 周	49	0	260	5.31	75.80
32 周	49	0	251	5.12	73.18
33 周	49	0	246	5.02	71.72
34 周	49	0	232	4.73	67.54
35 周	49	0	224	4.57	65.31
36 周	49	0	225	4.59	65.60
37 周	49	0	220	4.49	64.14
38 周	49	1	221	4.51	64.43
39 周	48	0	214	4.46	63.69
40 周	48	0	213	4.44	63.39

（续表）

周龄	存栏数/只	死淘数/只	产蛋数/枚	平均单产/枚	产蛋率/%
41 周	48	0	213	4.44	63.39
42 周	48	0	210	4.38	62.50
43 周	48	0	209	4.35	62.20
44 周	48	0	208	4.33	61.90
合计	48	2	3 811	78.29	—

2.1.3　21~44 周油麻鸡与父母代良凤花鸡产蛋性能比较

21~44 周油麻鸡与父母代良凤花鸡产蛋性能见图 1。

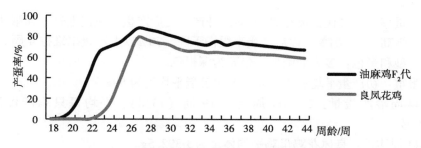

图 1　F₂ 代与父母代良凤花鸡产蛋率比较

2.1.4　两者开产体重和淘汰体重比较

油麻鸡 F₂ 代和父母代良凤花鸡体重比较见表 3。

表 3　油麻鸡 F₂ 代和父母代良凤花鸡体重比较　　单位：g

体重	油麻鸡 F₂代母鸡	油麻鸡 F₂代公鸡	良凤 花母鸡
开产体重	1 631.3 （120 日龄）	2 750.2 （120 日龄）	2 567.4 （175 日龄）
淘汰体重（44 周龄）	2 178.4	2 933.4	3 392.5

2.1.5　杂交二代产蛋性能

开产日龄：杂交二代 120 日龄见蛋，50%产蛋率周龄为 23 周。

产蛋率：用 1d 或一段时间内全部母鸡与所产蛋数的百分比来表示，本项目以每周产蛋率表示，即产蛋率（%）= 每周产蛋总数÷（存栏数×7）×100。

杂交二代开产后前 8 周产蛋率急速上升，到第 27 周达到产蛋高峰 87.94%，以后产蛋率缓慢下降，80%以上产蛋率维持5周，70%以上产蛋率维持16周。

蛋型和蛋色：多为椭圆形，蛋壳为浅褐色。

蛋重：杂交二代初产蛋平均重为48g，35周龄蛋平均重为53g。

44周龄产蛋量：18～44周龄共27周（189d），平均每只鸡产蛋量为119.48枚。

44周体重：杂交二代母鸡平均体重为2 178.4g，公鸡平均体重为2 933.4g。

2.1.6 父母代良凤花鸡产蛋性能

开产日龄：父母代良凤花鸡26周龄（182日龄）开产，50%产蛋率周龄为29周。

产蛋率：父母代良凤花鸡26周龄开产，之后产蛋率快速上升，到第30周达到产蛋高峰79.01%，以后产蛋率缓慢下降，70%以上产蛋率维持4周。

蛋型和蛋色：多为椭圆形，蛋壳为深褐色。

蛋重：初产蛋平均重为50g，35周龄蛋平均重为59g。

44周龄产蛋量：26～44周龄共19周（133d），平均每只鸡产蛋量为78.29枚。

44周体重：良凤花鸡母鸡平均体重为3 392.5g。

2.2 结果分析

2.2.1 油麻鸡F_2代与父母代良凤花鸡产蛋性能比较

产蛋日龄：杂交二代比良凤花鸡开产日龄早55d，50%以上产蛋率早6周。

产蛋率：杂交二代产蛋峰值为87.94%，比良凤花鸡产蛋峰值的79.01%高8.93个百分点；70%以上的产蛋率前者比后者多12周。

蛋重：35周龄杂交二代平均蛋重53g比良凤花鸡59g轻6g。

44周龄产蛋量：到44周龄，平均每只鸡产蛋量杂交二代比良凤花鸡多41.19枚。

2.2.2 与纯种拜城油鸡产蛋性能比较

与革明古丽报道的纯种拜城油鸡相比，杂交二代开产日龄为18周（120日龄）比拜城油鸡开产日龄21周龄早3周；产蛋最高峰87.94%比拜城油鸡79.45%高8.49个百分点；80%以上产蛋率维持5周，70%以上产蛋率持续为16周，70%以上产蛋率比拜城油鸡持续时间12周多4周；平均蛋重为53g比纯种拜城油鸡46g重7g。拜城油鸡一个产蛋周期（66周）平均产蛋数为110个左右，而杂交二代44周龄平均单产约为120枚，说明油麻鸡单产高。

3　讨论

拜城油鸡是我国国家级畜禽资源品种，是新疆稀有的地方家鸡品种，虽然其抗逆性和抗病力很强，但育成期体重增加缓慢，饲料利用率低，据革明古丽报道，成年鸡体重较轻（一般测量120日龄体重），公鸡1 716g，母鸡1 186g，虽然肉质优但市场价格较低。

良凤花鸡的羽色多为棕黄色、麻黑、麻黄色和少量黑色，公鸡单冠直立，胸宽挺、背平，尾羽翘起，颈部和头部清秀，体形紧凑，脚矮小。作为快大型肉鸡品种圈养对营养要求高，饲养周期短，周转快。

本试验用拜城油鸡和良凤花鸡杂交培育的杂交二代，保留了拜城油鸡的特有外貌特征：包括高脚、扇尾、玫瑰冠（或豆冠），生长性能有较大提高，成年体重有了很大的提高，并且抗病力、肉质保留了原种的特性，野性（夜间在树上或架子上休息）的特性得到了保留。

通过对杂交二代产蛋性能的测试可知，杂交二代的各项产蛋性能均优于纯种拜城油鸡，抗病力优于良凤花鸡，而且高脚、灵活、食草性能好，适合林下放养，也适合圈养。和田地区由于风沙大，气候条件恶劣，常见肉蛋兼用型品种的鸡散养成活率不高，2018年5月在和田地区试养了5 800只油麻鸡F_3代，在整个育雏、育成期存活率95%以上，得到了当地养殖户的认可，为该品种的推广打下了良好的基础。

本文原载　中国畜禽种业，2019（8）：172-174

拜城油鸡和良凤花鸡杂交二代生长性能

摘要: 拜城油鸡是新疆拜城县特有地方稀有土鸡品种,具有体型特殊,肉质鲜美等特点,但其出栏体重较轻。本试验通过对良凤花鸡和拜城油鸡杂交二代0~17周龄体重增重规律和耗料量进行测定,并与同日龄纯种拜城油鸡进行比对。结果显示,杂交二代舍饲环境下17周龄公鸡平均体重为(2 750±266.56)g,母鸡平均体重为(1 850±229.55)g;公鸡料肉比为2.86:1,母鸡料肉比为4.29:1。与革明古丽已发表的纯种拜城油鸡17周龄公鸡平均体重(1 716.42±70.26)g、母鸡平均体重为(1 186.56±69.32)g相比,体重增加幅度达50%以上,而且杂交二代保持了纯种拜城油鸡特有的外型外貌,从而更容易被广大养殖户和消费者接受,利于品种推广。

关键词: 良凤花鸡;拜城油鸡;杂交二代;杂交优势;生长性能;测定

拜城油鸡是新疆特有肉蛋兼用地方品种,分为矮脚型、高脚型和乌肉型,冠形以单冠、玫瑰冠和豆冠为主,拜城油鸡体态特殊,抗病力强,骨细肉多、肉质细嫩、香味浓郁、营养丰富,但体重轻,生产性能偏低,不适应规模化生产的需要。

良凤花鸡外貌清秀,毛羽丰满,羽色光亮,因其产于南宁郊良凤江风景区,汉语中的鸡又有"凤"的美称,故称之为良凤花鸡,特点是生长快。根据拜城油鸡和良凤花鸡的特点,二者杂交繁育得到杂交 F_1 代,选育黑羽、豆冠、高脚、青脚体型健壮的杂交一代母鸡再与纯种拜城油鸡公鸡进行回交得到杂交二代,本文重点对杂交二代的生长性能与纯种拜城油鸡进行比较,以研究杂交二代在新疆推广养殖的可能性。

本试验引进的杂交二代鸡苗是由乌鲁木齐昊翔养殖专业合作社(拜城油鸡保种基地)提供,通过舍内地面全价日粮饲养17周,测定每周的增重和耗料情况,以掌握杂交二代的生长性能。同时与革明古丽测定的纯种拜城油鸡生长情况进行比较。饲喂的全价饲料由新疆三旺饲料有限公司提供的肉杂鸡料。

1 材料和方法

1.1 试验材料

由乌鲁木齐昊翔养殖专业合作社提供的500羽1日龄杂交二代鸡苗,新疆三旺饲料有限公司提供的肉杂鸡饲料,营养成分见表1。

三旺肉杂鸡料(新疆三旺饲料有限公司)主要原料:玉米、豆粕、棉籽粕、矿物元素、维生素、防霉剂和氨基酸等。

表1 营养成分 单位:%

粗蛋白质	粗纤维	粗灰分	钙	总磷	氯化钠	水分	蛋氨酸
≥13.5	≤12.0	≤18.0	≤0.6~1.3	≥0.5	0.3~0.8	≤14.0	≥0.2

1.2 试验方法

按照拜城油鸡养殖规程进行饲养和疫苗免疫,每周随机抽取100只鸡进行称重,对每周耗料、体重进行记录,数据用SPSS软件进行分析。

2 结果与分析

2.1 生长性能表现

1~4周每周随机抽取100只鸡称取体重,5~17周随机抽取公鸡和母鸡各50只称取体重,以掌握杂交拜城油鸡体重增长规律,结果见表2、图1和图2。杂交二代出生体重为(37.28±3.82)g,17周龄公鸡平均体重为(2 750±266.56)g,母鸡平均体重为(1 850±229.55)g;公鸡料肉比为2.86:1,母鸡料肉比为4.29:1。0~17周每只采食量7 782.5g,公鸡增重2 713.72g,母鸡增重1 813.97g。

表2 杂交二代0~17周每周耗料量和体重增长情况 单位:g

周龄/周	周平均采食量	周平均体重	周平均增重	周龄/周	周平均采食量	周平均体重	周平均增重
0	—	37.28±3.82	—	10♀	518	1 142.95±124.6	143.2
1	63	86±1.124	48.72	11♂	532	1 524.06±135.2	194.8
2	115.5	136±13.13	50.00	11♀	532	1 298.95±114.3	156.0
3	175	226.5±23.9	91.50	12♂	573	1 722.44±183.5	198.38
4	231	288.5±36.6	62.00	12♀	573	1 452.75±137.4	153.8
5♂	258	495.25±65.28	206.75	13♂	648	1 925.94±187.6	203.5
5♀	258	442.5±62.99	154.00	13♀	648	1 611.05±114.3	158.3
6♂	302	667±125.62	171.75	14♂	720	2 120±138.03	194.1
6♀	302	552±91.69	109.50	14♀	720	1 731.25±119.66	120.2
7♂	368	798.84±49.41	131.84	15♂	742	2 332.4±134.6	212.4
7♀	368	677.27±64.52	125.27	15♀	742	1 799.95±114.2	68.7
8♂	421	953.02±83.25	154.18	16♂	786	2 568.2±129.5	235.8
8♀	421	823.62±76.63	146.35	16♀	786	1 831.25±125.4	31.3
9♂	490	1 139.25±193.85	186.23	17♂	840	2 750±266.56	181.8
9♀	490	999.75±145.68	176.13	17♀	840	1 850±229.55	18.6
10♂	518	1 329.3±124.21	190.05				

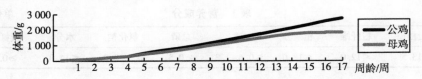

图1 杂交拜城油鸡体重增长情况

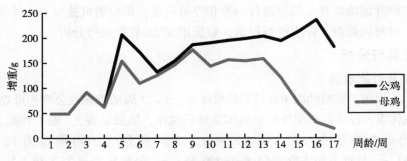

图2 杂交拜城油鸡周增重情况

2.2 纯种拜城油鸡0~17周生长性能表现

纯种拜城油鸡0~17周生长性能表现见表3（参考革明古丽《拜城油鸡种质测定》）。

表3 纯种拜城油鸡0~17周龄生长性能 单位：g

周龄/周	平均体重	周龄/周	平均体重
0	35.49±3.46	11 ♂	1 174.12±56.74
1	64.96±8.24	11 ♀	864.84±56.41
2	112.32±15.13	12 ♂	1 266.56±61.25
3	194.33±28.19	12 ♀	903.87±51.20
4	293.92±44.39	13 ♂	1 335.13±59.54
5	427.45±36.67	13 ♀	956.65±53.48
6 ♂	634.58±30.42	14 ♂	1 481.63±65.27
6 ♀	509.03±27.09	14 ♀	1 006.45±60.46
7 ♂	744.74±35.73	15 ♂	1 593.41±68.72
7 ♀	567.24±26.02	15 ♀	1 053.21±62.33
8 ♂	818.48±45.43	16 ♂	1 679.43±70.65
8 ♀	635.94±42.37	16 ♀	1 124.47±67.45
9 ♂	967.64±51.98	17 ♂	1 716.42±70.26
9 ♀	793.25±47.56	17 ♀	1 186.56±69.32
10 ♂	1 050.75±54.11		
10 ♀	811.01±49.66		

与纯种拜城油鸡周体重增长情况相比，无论公鸡还是母鸡，17周杂交二代体重均大于纯种拜城油鸡，其中杂交二代公鸡的平均体重比纯种公鸡平均体重多（1 034±196.3）g；杂交二代母鸡平均体重比纯种母鸡体重多（663.44±160.23）g，杂交二代在体重方面明显比纯种拜城油鸡具有优势，在体型外貌上仍然保留了拜城油鸡的特点。

3　讨论

拜城油鸡是新疆特有的地方土鸡品种，具有斗鸡的形态，羽色靓丽、耐粗饲，特别是在野外（林下、草地、果园）放养生存能力强，成活率高，但是纯种的拜城油鸡体型小、体重轻，杂交二代弥补了这一缺点，使料肉比有了极大的提高，并保持了拜城油鸡特有的外型外貌，更容易在广大农村饲养推广。

本文原载　中国畜禽种业，2019（3）：173-174

油麻鸡育雏期的饲养管理

摘要：油麻鸡可采用笼养或平养方式育雏，田间地头搭建的育雏舍要能防风、防雨，保温。育雏前要彻底进行清扫消毒，按照油麻鸡的饲养育雏标准和饲料营养，其育雏温度较低，脱温时间较短，6周龄末育雏成活率可达到97%，合格率达到95%，均匀度75%以上，平均体重母鸡460g、公鸡650g。

关键词：油麻鸡；育雏期；饲养管理

油麻鸡是新培育的拜城油鸡与麻羽肉鸡的杂交后代，其遗传性能稳定，生长速度较快，抗病力强，成活率高，适应性好，耐寒耐热，野外生存能力强，适于放牧，食草性能好，节约粮食。土鸡特点突出，肌肉品质优。林下放牧成本低，效益好。林下生态养鸡也是现代畜牧新技术与传统饲养模式的结合，饲养模式分两段，即舍内育雏期（0~6周），林下育成期（7周至出栏）。

1　饲养方式

舍内育雏期的饲养方式采用笼养育雏或平养（网上或地面）育雏。采用笼养育雏，注意上下层温度、光照、饲料量均匀，及时清理粪便，保持通风换气。采用平养育雏，网上或地面要铺垫料，垫料应吸水性好、无污染、无霉变。饲养期间要保持垫料干燥，防止浸水，并及时清除潮湿垫料。高床育雏床距地面一般50~80cm高，坚固可站人，床上铺小孔塑料网，为了保温也可在网上垫5~10cm厚麦草。地面育雏可在地面上铺10~20cm厚麦草（锯末、刨花等），起到保温作用，防止潮湿、低温引起的鸡白痢及球虫病发生。

2　育雏舍的准备

育雏舍要求防风、防雨、封闭、保温。规模化育雏舍，应建造固定的可长期使用的较坚固的育雏房，分批育雏、分批转出，四季可用，取暖、通风、保温、冲洗、消毒等设施较好。每批育雏鸡1 000只以上。小规模育雏每批500只左右单元的，适于每户育雏，可在田间地头搭建临时育雏暖房，也应根据当地气候特点，具有防风、防雨、保温性能，而且封闭相对要严密，除此之外，还要防天敌偷袭，一般搭建于田间地头的育雏暖房，其优点是育雏结束后不但可直接就地放牧，不需运转，而且搭建于田间地头的育雏舍还可用于育成期防风、防雨、防晒，夜晚栖息，作为集中补饲、补水点。

3 进雏前的准备

进雏前 10d，需要准备好育雏舍，计算好饲养面积和进雏数量，彻底清扫房子，将舍内杂物、垃圾清除，规模育雏舍遵循清扫—高压冲洗—消毒液喷洒—封闭熏蒸等步骤，消毒液可用火碱、戊二醛等，封闭熏蒸可用甲醛（福尔马林）或过氧乙酸，可用三级熏蒸，即 $24mL/m^3$，熏蒸后封闭 1~2d（最好在进雏前 2d 打开门窗，通风换气）。小规模搭建的田间地头临时育雏舍，也必须清扫灰尘、粪便，然后喷洒消毒液，也用两种不同的消毒液交替喷洒每天 2 次，相互间隔 4h 左右（待上次所喷洒的消毒液干后），然后封闭熏蒸 1~2d。无论规模舍还是临时育雏舍，熏蒸前将育雏用具、麦草、工作衣等一并喷洒消毒和熏蒸，消毒后的净化舍可待用进雏。一并熏蒸的开食器、饮水器要计算好用量，并清洗干净，用消毒液洗消的要用干净水或凉开水冲净。

进雏前 1~2d，打开封闭舍，备足育雏料，架好火炉，进雏前 2h 烧好备足凉开水（水温 25~30℃）待用，舍内温度达到 30℃。

4 接雏开食

油麻鸡孵化出壳后，经 10~24h 禁食禁水，以利充分排泄。在运输过程中，防暑、防冻、防暴晒，车内空气流通，防止"闷仓"死亡，防止受寒、防脱水。进圈后，按舍内布局隔栏分配数量，放置装有雏鸡的箱子，清点数量，清点完箱子，计划好放置数量后，一般 1~7 日龄 300~500 只为一个饲养单元，再逐一打开箱子。按一定比例抽查每箱雏鸡数，一般每箱装雏鸡 102 只，抽查完后，记录清点的箱子数和每箱抽查的装鸡数，然后全部打开装鸡箱，将雏鸡移至灯光下。挑出死鸡，将死鸡清点、装箱、拍照，拿出鸡舍销毁。在此期间如果雏鸡脱水，可进行人工饮水，抓住鸡头，用鸡嘴反复沾水，用于紧急补水的水中可加入一定量的电解质。健康鸡进舍后，适应 2h，使之相对安静后方可供水，待供水 2h 后，再逐步开食、喂料，育雏期饲喂实行少喂勤添。

5 育雏期饲养标准

育雏期饲养管理包括饲养密度、温度、湿度、光照、饲喂、管理等，育雏期的饲养管理标准见表 1。

表 1 育雏期的饲养管理标准

周龄/周	饲养单元/只	密度/（只/m²）		饮水器数/个	料桶数量/个	光照标准/h	温度/℃	湿度/%
		笼养	平养					
1	500	≤50	≤50	10	10	22~24	30~32	65~70

（续表）

周龄/周	饲养单元/只	密度/（只/m²）		饮水器数/个	料桶数量/个	光照标准/h	温度/℃	湿度/%
		笼养	平养					
2	500	≤40	≤40	12	12	22	28~30	65
3	500	≤30	≤30	14	14	20	26~28	55~60
4	500	≤30	≤20	14	14	18	24~26	50~55
5	500	≤30	≤10	15	15	16	22~24	50
6	500	≤30	≤10	15	15	14	20~22	50

因为油麻鸡从小就表现出生长速度比油鸡快、比麻羽鸡慢的特点，而且遗传了油鸡好动、喜飞跃奔跑、耐寒等特性，因此育雏后期密度相对要小，整个育雏期温度比一般鸡略低，而且适应环境温度能力较强，高温育雏时间较短，脱温较快。每日饲喂量、成活率、周体重见表2。

表2　育雏期饲喂增重标准

周龄/周	平均日饲喂量/g	累计饲喂量/g	成活率/%	周体重/g	
				母鸡	公鸡
1	8~10	70	99	63	66
2	13	91	98	100	112
3	18	126	98	160	220
4	25	175	98	240	350
5	33	231	97	330	455
6	42	294	97	460	650

注：1. 育雏期为公鸡、母鸡混合饲养，平均公鸡和母鸡1日龄体重34g。

2. 饲喂肉小鸡育雏料6周龄末，平均母鸡可达到460g左右，公鸡650g，本标准为饲喂肉杂鸡料。

6　育雏期的饲料营养

油麻鸡的饲料营养介于肉鸡与蛋公鸡之间，其对营养的需要比蛋公鸡营养水平要高，比肉鸡营养水平要低，如果饲喂蛋鸡育雏料则达不到其生长发育的营养要求，生长速度表现较慢，如果饲喂肉鸡料，其营养水平较高，生长速度较快，但不利于土鸡性能的表现。由于还未设计生产出标准的油麻鸡饲料，根据其生长特点，建议用肉杂鸡的饲料配方和饲料（表3）。

表3　肉杂鸡育雏料营养标准 　　　　　　　　　　　　单位:%

粗蛋白质	粗纤维	钙	总磷	粗灰分	氯化钠	水分	蛋氨酸+胱氨酸
14.0	10.0	0.80~1.30	0.50	9.0	0.15~0.80	13.8	0.51

7　育雏期的管理

7.1　饲喂

少喂勤添,第1周每天饲喂5~6次,每次间隔4h,每次1~2.5h采食干净,第2周每天饲喂4~5次,每4~5h一次,第3周以后每天饲喂2~4次。第1周用开食盘喂料,开食盘每天应清扫干净鸡粪。用纸糊开食垫,每天必须换一次,换去的纸糊垫火烧销毁,第7~10天开始逐渐换成小号料桶,料桶中加料每次不超过料桶的2/3量,饮水器、料桶中的饲料面和水面应高出鸡背2cm为宜,随着日龄增大要随时调整高度。饮水器每2~4d洗刷一次,防止鸡舍内温度高而滋生细菌,每次洗刷完后用清洁水或凉开水冲洗干净。每次灌水不超过饮水器的2/3量。在育雏期间一直保持用凉开水喂鸡,可防止消化道疾病,减少水中加药。

7.2　光照

鸡群密度较大时30只/m²以上,光线不能太强,防止啄羽、啄肛、打斗。一般35W灯泡,灯高距鸡背1.5~2m,每6~8m²安装1个灯泡。平时常用干抹布擦拭灯泡上的灰尘。添加饲料、水或消毒抓鸡时尽量不碰撞灯头,以免惊群,引起压堆死亡。

7.3　湿度

育雏舍最适相对湿度在50%~55%,低于30%舍内干燥,大于65%湿度偏大,夏季育雏一般湿度在30%~50%,新疆南疆和田地区、吐鲁番地区5—8月育雏不但舍内温度高而且湿度低,一般都低于30%,不利于小鸡生长,而北疆地区冬季(10月至翌年4月)舍内湿度往往大于65%,如果舍内温度持续较低,易引起小鸡呼吸道病、消化道病和球虫病。因此,湿度过低时,可通过空气中喷水雾、地面洒水、饮水器中加入适当电解质等调节机体机能。湿度过高时,通过加热提高舍内温度,加大舍内通风,降低舍内湿度。

7.4　分群

每天要巡视鸡群,及时挑出死鸡进行焚烧,禁止喂犬。挑出病弱鸡,分群管理。从第3周起,每天挑选大小鸡分栏饲喂,淘汰病弱残鸡。随着日龄增大,体重增大,要适时分群,降低密度。对病弱鸡可在饲料或饮水中适当加入一定量的抗生素、维生素、电解质等添加剂。

7.5　消毒

进出鸡舍要自觉消毒，育雏期间每天要带鸡消毒 1~2 次，集中免疫后要进行舍内消毒，消毒药品要定期更换，每次带鸡消毒喷雾器头不可对准鸡头喷洒。防疫人员接触鸡前后必须洗手、消毒。鸡舍周围每周定期用 2%~3% 烧碱消毒。育雏舍及周围禁止养犬，防止野犬出入，定期灭鼠，防止野鸟飞入。

7.6　记录

每天记录好死亡鸡数、喂料量、消毒情况，定期抽测生长体重（5%~10%），制订免疫计划，记录好每次的免疫情况（时间、疫苗、免疫方法、疫苗厂家、剂量、应激情况等）。

培育健康合格的脱温鸡是油麻鸡成功放养的基础，通过精心育雏、科学管理，育雏期末体重平均能达到 550g 以上，均匀度达到 75% 以上，合格率在 95% 左右。健康、精神好、觅食能力强的脱温鸡，育成期才能适应放牧饲养的环境。

本文原载　养禽与禽病防治，2020（4）：42-44

油麻鸡放养阶段的饲养管理

摘要：鸡的放养包括放牧和散养，放牧主要是在果园、林下、菜地、山地、大田中放养，以草虫、弃粮、草籽、树叶等为食。散养主要是在舍外一定范围内饲养，仍以全价饲料或颗粒料为主。油麻鸡在育成阶段不但具有食草性好、耐粗饲、抗逆性强、成活率高、生长速度较快等优点，而且在培育期选择高脚基因决定了其在生长期体态灵活，飞跃、奔跑能力强，是放牧养殖的最佳品种。

关键词：油麻鸡；地点；设施；季节；放养；饲养管理

1 放牧前的技术准备

1.1 放牧鸡的选择

由于受外界自然环境、气候变化的影响，油麻鸡的放牧时间应选择在育成阶段，即42d（第7周龄）以后的脱温鸡，母鸡平均体重400g以上，公鸡平均体重500g以上，而且整群体重均匀度应达到70%以上。在育雏期（42日龄前）必须对鸡马立克、新城疫、禽流感、法氏囊病、传染性支气管炎等主要病毒性疾病进行免疫，免疫密度到达100%。放牧前通过对禽流感、新城疫抗体10%～20%的抽测，群体抗体合格率达到70%以上。在果林放牧，一个放牧单元300～500只为宜，并根据下蛋与产肉的不同进行公母分群。

1.2 放牧地点选择

放牧地的先决条件：远离污染源、良好的生态、水草较丰盛、空气新鲜，有充足的阳光、交通方便，有利于宣传和出售的林地、园地、山地及大田等，禁止喷洒除草剂、灭虫农药、灭鼠药等，有条件也可设置围栏，防止丢失或兽害。

1.3 放牧设施的准备

栖息棚舍：主要作用是防风、防雨、防沙尘，夏季防晒，冬季保温等防止气象应激。栖息棚舍可以是永久性固定式鸡舍，也可以是简易型棚舍。

为了驯养牧鸡按时归巢，补饲点一般在栖息地处，在棚舍内或紧邻棚舍处放置固定的料桶、料槽或在固定处、固定时间投以原粮或配合饲料。

1.4 放牧地的有利气候条件

虽然油麻鸡对气候的适应性较其他品种鸡强，但极度严寒和极度炎热的天气都不利于其生长，油麻鸡最适气温为18～22℃。在高温天气放牧，最高温度不超过42℃（体温），45℃以上的闷热天气，如果防暑条件差可造成群发性中暑死亡或急性禽霍乱发生。油麻鸡虽然抗寒能力强，-15℃左右仍能产蛋，气温低于-10℃对其生产性能有明显影响。根据不同地区的气候特点，牧期最好选择日照长、无霜期短、降水量相对较少的季节，避开极寒或极热天气及雨季、风季、沙尘季节等。

1.5 放牧季节的选择

根据不同地区的季节变化及农作物生长收获时节，选择放牧最佳时间。如南疆和吐鲁番地区应避开7—8月炎热暑天放牧，北疆阿勒泰地区应避开12至翌年1月寒冷时节，开春早的地区应3月育雏，4月中旬放牧，开春较晚的地区应4月育雏，5月中旬放牧。果园应在5—6月挂果后放牧，防止鸡啄果。林地3—4月刚开春时放牧，虽然青草未长大但可有效预防虫害。大田应在收获后放牧，有利于捡拾被遗弃的籽粒。山地、草场应在草长后的春末夏初放牧，过早易损坏草场。一年四季最好的放牧季节是秋季，青草泛黄之前，无论气候温度、还是草料、果籽及大田收获后的遗粒、桑叶、葡萄叶等都是良好的牧鸡饲料。

2 放牧期的饲养管理

2.1 放牧密度与饲养规模

放牧密度一般根据放牧地的不同和放牧方式的不同而不同，果园、山地、林地、草地等固定式放牧地，由于面积有限，不好实行轮牧放养，密度为每亩地20~80只/亩，放牧半径为100~500m，每群规模500只左右；而大田、草原放牧地面积大，实行轮牧放养每群鸡的规模可在1 000只左右。固定区域内的散养鸡（舍外饲养如"庭院"等）可根据散养地大小，每平方米0.5只左右。密度小有利于放牧地植物再生，减少疾病，也有利于牧鸡运动。

2.2 放牧鸡的活动规律与调训

放养鸡一天中的生活习性是早出晚归。鸡的外出和归牧与太阳活动有密切关系，一般在日出前0.5~1h出巢（舍），也就是天一亮就出舍，日落后0.5~1h归巢，天黑前归舍，日出日落前后采食性最强，需要对放牧和归巢进行调训，使鸡群行动统一。

2.3 补饲精料、原粮、补草、供水

补饲就是对放牧鸡人工补充饲料，包括补饲精料、原粮、鲜草（叶）、瓜果等。为了满足放牧鸡生长发育，促进其生长，补饲是必要的。补饲要根据鸡的日龄、生长发育状况、草地资源、季节等决定补饲次数、时间、类型、补饲量和营养浓度。充足的饮水是保证放牧鸡健康生长所必需的，要注意：必须是新鲜的井水或自来水，禁止饮雨水、渠水、涝坝水；水管、饮水器不能在阳光下晒，易滋生细菌引起鸡腹泻；饮水桶中的水要经常更换，防止病原菌滋生，夏天每天2~4次，每次剩水要倒掉；供水量视天气、温度确定；定期清洗饮

水器。

2.4　放牧期的卫生保健

做好隔离，全进全出，做好放牧点卫生，不喂发霉变质的饲料，不饮被污染的水，防止各种自然应激，天气突变或下雨、刮风等不放牧，及时预防投药。

2.5　不同季节的管理要点

2.5.1　春季

由于各地区开春时节不同，加上春季树木发芽，青草刚长出，不具备放牧条件，但适于散养：充足的阳光和适宜的温度，新鲜的空气有利于土鸡生长。

春季散养注意事项：必须是较大的育成鸡，防止天气应激；需要计算育雏时间，根据出圈散养时间，提前42d舍内育雏；防止"倒春寒"出现，根据圈外气温和昼夜温差，确定每天的散养时间；由于早春缺少野生青绿饲料，在饲喂精料的基础上要适量补充一些青菜叶等；天气回暖也有利于病原微生物繁衍，做好疾病预防；根据各地区开春时节不同，春季散养一般在3—5月；防止大风、沙尘。

2.5.2　夏季

根据各地气温炎热的程度和时间不同，夏季放养需注意：防止天气灾害，其中防暑是夏季管理的最关键环节，其次是雷雨、冰雹；防止缺水和供水不足，勤换水，防止饮水器暴晒；实行早晚补饲；注意环境卫生，及时清除积粪、垃圾；控制蚊蝇；定期（1~2次/d）清洗饮水器，防止细菌污染；防止饲料浸水发酵；调节放牧时间，早晚放牧，中午归巢休息。

2.5.3　秋季

由于光照时间逐渐缩短，天气湿度较大，特别是深秋季节牧草变黄，夜晚天气变凉，白天放牧时间比夏季短，因此，补饲量加大，防止缺料影响生长；放牧时间早上迟放牧，晚上提前归巢；加快出栏，肉鸡应在10月全部出栏。

2.5.4　冬季

冬季不适于放牧，但油麻鸡由于耐寒性能强，根据各地冬季不同的温度可以散养。要求自配饲料营养要全，也可饲喂商品厂家的全价饲料；增加补饲次数，早中晚补饲；补饲量根据生长需要确定，保证每只鸡每天的生理和生长需要，正常生长期油麻鸡冬季每日消耗全价饲料125g左右；栖息棚防止夜晚进风使鸡受凉；增加棚内温度，防止呼吸道疾病发生。

本文原载　中国畜禽种业，2021（3）：179-180

油麻鸡的疾病预防

摘要：油麻鸡是拜城油鸡与良凤花鸡的杂交一代，暂称油麻鸡。其抗病性能较强，为了适应放养的外界环境，保证放养期健康，对油麻鸡进行疾病预防是必要的，结合新疆的气候环境特点以及油麻鸡的抗病特性，总结出对病毒性疾病的免疫程序和对细菌性疾病、寄生虫病的针对性预防措施。

关键词：油麻鸡；疾病预防；防控措施

油麻鸡是拜城油鸡与麻羽肉鸡杂交出的后代，其抗病性能比其他品种的鸡强，但是为了适应生长期长时间放养的外界自然环境，对油麻鸡进行疾病预防是完全必要的。油麻鸡所要预防的疾病主要包括病毒性疾病和细菌性疾病、寄生虫病以及其他中毒性疾病等，除病毒性疾病可用疫苗预防外，其他疾病主要靠药物预防以及加强饲养管理的方法进行预防。

1 病毒性疾病的预防

油麻鸡需要预防的主要病毒性疾病包括马立克病、高致病性禽流感、鸡新城疫、鸡传染性法氏囊病、传染性支气管炎（简称传支）等，有的地方有必要对鸡痘进行预防。病毒性疾病主要依靠疫苗免疫，因为油麻鸡育雏期脱温快、育雏期时间短、抗病力较强，而育成期放牧时间较长，根据不同地区的气候环境特点及疾病流行状况，应制定针对性免疫程序。

1.1 参考免疫程序

新疆地区通过以下免疫程序，法氏囊病免疫阳转率可达到90%，新城疫和禽流感免疫抗体保护率可达到80%以上，免疫程序见表1。

表1 新疆油麻鸡参考免疫程序

日龄	预防疾病	疫苗种类	免疫剂量	免疫方法
1	马立克病	马立克病液氮苗	0.25mL/只（1头/d）	颈部皮下注射
6	新城疫、传染性支气管炎	新城疫-传支 H120 二联冻干苗	1份/只	滴鼻或点眼
12	传染性法氏囊病	法氏囊病冻干苗	1.5份/只	饮水
16	（新城疫）禽流感	新城疫-禽流感二联冻干苗	1份/只	滴鼻或点眼
21	鸡痘	鸡痘冻干苗	1份/只	翼膜刺种
26	传染性法氏囊病	法氏囊病冻干苗	2份/只	饮水

（续表）

日龄	预防疾病	疫苗种类	免疫剂量	免疫方法
32	新城疫+传染性支气管炎	新城疫+传支 H52 二联冻干苗	1 份/只	滴鼻或点眼
40	新城疫、禽流感	新城疫+禽流感二联灭活苗	0.5mL/只	皮下或肌内注射

1.2　免疫效果监测

油麻鸡由于育雏时间较短，为了确定免疫的效果，必须在育雏期末放养之前对法氏囊病、新城疫、高致病性禽流感的免疫效果进行监测，按照 5% 比例采样抽测，500 只为一个饲养单元的鸡采血监测 10~20 份，不分大小随机抽样，法氏囊病免疫后的阳性率达到 70% 以上，新城疫、禽流感免疫抗体达到 70% 以上保护率，达不到标准要求的必须进行补免，否则在育成期不能确保不发生疫病。有时候虽然免疫了，但达不到保护抗体时，易发生慢性新城疫、禽流感，鸡的死亡率也会不断增加，从而影响出栏率。油麻鸡通过跟踪监测，如果最后一次新城疫、禽流感免疫抗体达到 70% 以上保护率，那么育成期 180 日龄时，抗体水平仍能达到一定的保护作用。

2　细菌、支原体及霉菌性疾病的预防

油麻鸡主要预防的细菌、支原体及霉菌性疾病与气候环境有直接的关系，一般预防的主要疾病包括鸡白痢（沙门菌病）、大肠杆菌病、巴氏杆菌病（禽霍乱）、曲霉菌病、葡萄球菌病等病，预防的手段主要是改变饲养环境，加强环境消毒，种禽净化，预防投药等，根据发病种类不同，参考预防投药程序。

2.1　预防投药程序

油麻鸡常见细菌、支原体及霉菌性疾病的预防投药程序见表 2。

表 2　油麻鸡常见细菌、支原体及霉菌性疾病预防投药方法

药品	剂量、用药方法	疗程	预防疾病
诺氟沙星	0.1%~0.2%饮水	治疗 5~7d	大肠杆菌
青霉素	病鸡或紧急预防，肌内注射	1~2 次/d	巴氏杆菌
泰乐菌素	0.1%拌料	在第 1 周和第 3 周使用，全周用药	支原体
红霉素	0.013%~0.025%拌料 0.005%~0.01%饮水	在第 1 周和第 3 周使用，全周用药	支原体
恩诺沙星	75mg/L（前 3d）饮水，50mg/L（后 3d）饮水	在第 1 周和第 3 周使用，全周用药	支原体

（续表）

药品	剂量、用药方法	疗程	预防疾病
硫酸铜溶液	0.3%~0.5%饮水	3~4d	曲霉菌
制霉菌素	拌料：雏鸡3~5mg/kg， 育成鸡15~20mg/kg	3~5d	曲霉菌
碘化钾	0.5%~1%饮水	3~5d	曲霉菌

注：根据实际情况选择一种或几种药物交替使用。

2.2 主要细菌、支原体及霉菌性疾病的预防措施

2.2.1 沙门菌病（鸡白痢）

发病主要在育雏期，与种鸡的净化、饲料、饮水带菌、育雏环境卫生、饲养密度、育雏期温度等有直接关系，种鸡净化不彻底可通过垂直传播给子代，因此对种鸡必须在10~12周龄和开产前进行二次鸡白痢净化检疫。

2.2.2 大肠杆菌病

虽然大肠杆菌血清型较多，但致病性大肠杆菌类型较少，鸡群感染或发生大肠杆菌病的直接原因与污染的饲料、饮水有关系。母鸡经消化道感染引起发病，可经过蛋壳传播给子代，也可与其他细菌性疾病、球虫病混合发生。防控措施：加强饲养管理，保持舍内温度、湿度、密度适宜，减少各种应激；药物进行针对性防治。

2.2.3 禽巴氏杆菌病（禽霍乱）

禽巴氏杆菌病主要是多杀性巴氏杆菌引起的传染性、接触性疾病，又名禽霍乱或禽出败，发病急、发病率高、死亡率高，小鸡育雏期与舍内环境温度、湿度、密度过大、通风不良等有关，发病时，拉绿色或黄色稀粪便，鸡冠、肉髯呈青紫色。急性时突然大批量死亡，症状表现不明显。预防措施：加强饲养管理，经常通风换气，有避风、防雨、防沙、防晒等棚舍；定期用药物预防；发病期禁止放养。

2.2.4 禽支原体病

鸡败血支原体（MG）对养禽业危害比较大，鸡的慢性呼吸道病主要由它引起，主要发生于1~2月龄雏鸡，该病的特点是发病率高、死亡率低，大约在10%以下，若继发传染性鼻炎，大肠杆菌病则死亡率可达40%左右。预防措施：从已知无支原体病的种鸡场引进雏鸡；药物预防。用药方式有两种，一种是拌料，另一种是饮水。

2.2.5　禽曲霉菌病的预防

由发霉饲料、垫料、麦草等引起的群发病，主要是烟曲霉、黄曲霉、黑曲霉，小鸡主要是急性暴发，死亡率较高，育成鸡多表现为慢性，曲霉菌毒素可引起神经症状。预防措施：喂新鲜饲料，不喂过期发霉料；铺垫新的清洁、干燥的垫料，防止垫料、饲料浸水霉变。改善环境，加强通风换气，防止漏水，控制舍内湿度；水中可加入1：（2 000~3 000）的硫酸铜溶液饮水3~4d；药物治疗，水中加入碘化钾饮水5~10d。

3　寄生虫病的预防

油麻鸡育成期在放养过程中，感染寄生虫病的概率高，主要预防的寄生虫病有鸡球虫病、住白细胞原虫病、鸡绦虫病等。油麻鸡主要寄生虫预防投药程序见表3。

表3　油麻鸡常见寄生虫病预防投药程序

药品	剂量、用药方法	疗程	预防疾病
莫能菌素	60~80g/t 拌料	1~2d	球虫病
复方泰灭净	100mg/kg 饮水 500mg/kg 拌料	5~7d	住白细胞原虫病
克球粉（氯羟吡啶）	250mg/kg 拌料	5d	住白细胞原虫病
氯苯胍	66mg/kg 拌料	3~5d	住白细胞原虫病
血虫净	100mg/kg 饮水	5d	住白细胞原虫病
丙硫咪唑	按每千克体重5~10mg 拌料	1次	绦虫病
驱绦灵	按每千克体重20mg 拌料	1次	绦虫病
硫双二氯酚	按每千克体重300mg 拌料	1次	绦虫病
敌百虫	0.5%喷洒于鸡羽毛或皮肤表面	第1次后 10d 再进 行喷洒1次	羽虱
氟化钠	5%喷洒于鸡羽毛或皮肤表面		羽虱
20%杀灭菊酯	4 000 倍稀释液对鸡进行喷雾		螨虫
蝇毒磷	0.03%对鸡进行喷雾		螨虫

注：根据实际情况选择一种或几种药物交替使用。

4　中毒性疾病的预防

药物中毒是因为预防量（治疗量）浓度较大或喂药期长引起的急性或慢性（蓄积）中毒，霉菌或毒素中毒是因为在育成放养期饲喂劣质原粮或自配料中食盐等超出食用比例引起的。食盐与部分药物的使用量、中毒量、中毒表现、解毒措施见表4。

表4 食盐与部分药物中毒的预防

种类	使用量	中毒量	表现症状	解毒措施
食盐	0.25%～0.5%	0.35%	拉稀、精神差、燥渴、大量饮水、神经症状等	1. 终止饲喂多盐饲料； 2. 水中加5%葡萄糖利尿解毒； 3. 0.3%～0.5%醋酸钾饮水
磺胺类药	0.25%～1%	0.25%～1.5%拌料1周或口服0.5g	腹泻、兴奋、神经症状、产蛋下降、发育迟缓、产薄壳蛋或软壳蛋	1. 用药期<1周； 2. 充足饮水； 3. 1%～5%碳酸氢钠饮水； 4. 维生素C、维生素K_3辅助饮水

5 其他疾病的预防

5.1 中暑

（1）日射病和热射病的总称。鸡在烈日下暴晒易引起头部血管扩张而引起脑及脑膜充血，发生日射病。油麻鸡与其他鸡一样无汗腺，体表被羽毛覆盖，靠呼吸、蒸发散热。闷热环境中，由于散热困难造成体内过热，引起中枢神经系统、循环系统、呼吸系统机能障碍发生日射病。

（2）发生中暑时，主要表现张口呼吸甚至喘息、呼吸困难、频率加快、眩晕、步态不稳、大量饮水、虚脱、易引起惊厥死亡。预防措施：油麻鸡在林下放养夏季要有足够遮阳的树林，圈养或院内饲养、田间放养要搭建足够面积可供栖息的凉棚。

（3）舍内饲养应降低密度，加强通风，安装湿帘。油麻鸡在吐鲁番地区和南疆高温干旱地区放养，在极限高温季节环境温度>42℃时，可表现不适应，持续温度≥44℃时，就可造成中暑死亡，因此供足饮水，搭建草棚，将鸡赶入阴凉处，饮水中加入冰块，用吹风机吹风加大风流动速度，给地面洒水，树荫下建池塘等都可有效降低中暑概率，特别是挖建足够大的地窖避暑效果最好。

5.2 恶食癖

恶食癖也叫异食癖。

5.2.1 产生原因

饲养管理不良，密度大、空气质量差、光线强；饲料营养不全，缺盐、饲料氨基酸含量不足，矿物质、维生素、纤维、蛋白含量低，或者喂料量不足，发生饥饿等；品种遗传；发生体外寄生虫病等。

油麻鸡发生恶食癖的原因：一方面与天性好动、相互打斗的遗传因素有关，另一方面主要是在育成期普遍饲喂原粮，饲料单一，日粮中缺少盐或矿物质、纤维、蛋白质等有关，也与南疆地区虱子、螨虫感染有关。

5.2.2　预防措施

一是在育成阶段自配料（补饲料）营养要全，料中适当加入2%食盐、矿物质（硫酸亚铁）、羽毛粉、蛋氨酸、核黄素、啄肛灵等，生石膏（2%～3%）拌料10～15d效果较好。禁止将食盐加入水中饮用，因为鸡饮水量比采食量大，会越饮越渴、越渴越饮，从而引起盐中毒；二是圈养、庭院散养、林下放养密度不能太大，要有充足的活动范围；三是油麻鸡食草性能好，应人工补充青草、叶菜、绿叶、胡萝卜等，既可补充维生素，也可转移鸡的注意力；四是在育成期使用鸡鼻环，可彻底防止啄癖。

育雏期由于采用封闭式人工饲养，饲喂多价饲料，采用统一管理标准，油麻鸡的疾病预防技术基本一致，但在育成期由于不同地区、不同季节、不同环境、不同管理的温湿度、放养地、饲喂情况等不同，油麻鸡不可能采用同一标准的疾病预防技术，但是只要掌握油麻鸡的遗传特性、生理需要和抗病性能，并根据当地环境特点有针对性预防，减少应激和各种不利健康的因素，油麻鸡的饲养就能够达到预期效果。

本文原载　新疆畜牧业，2020（4）：32-35

油麻鸡在吐鲁番地区林下饲养效果

摘要：为了测试油麻鸡在高温干旱地区林下养殖的适应性，总结林下养鸡的经验，课题组在吐鲁番饲养了3 000只油麻鸡。通过测试，49日龄公鸡平均体重1 351.72g，母鸡平均体重956.80g，成活率为98%；90日龄公鸡平均体重2 431.20g，母鸡平均体重1 754.40g，成活率为87.3%，公鸡料重比（配合料＋原粮）3.65：1，母鸡料重比（配合料＋原粮）5.07：1。

关键词：油麻鸡；吐鲁番；林下养殖

油麻鸡是新疆拜城油鸡与麻羽肉鸡的杂交代，具有抗病力强、生长速度快、鸡肉品质好和适于放牧等优良特点，并具有较强的抗寒耐热性能。吐鲁番地区属于高温干旱地区，夏季不但持续高温，而且极限温度可达到45℃以上、湿度30%以上，这种高温干旱的气候特点会影响畜牧业的发展。为了测试油麻鸡在这种气候环境下林下养殖的适应性，总结高温环境下林下养鸡的经验，为在吐鲁番地区推广林下养殖提供技术支撑，课题组试养了3 000只油麻鸡，并定期测试其成活率、生长速度及饲料报酬。

1 材料及方法

1.1 杂交模式及品种来源

课题组按照制定的杂交模式，以乌鲁木齐昊翔养殖专业合作社（拜城油鸡保种基地）的拜城油鸡为母本，以黑羽良凤花鸡为父本进行品种间杂交，获得油麻鸡 F_1 代。种用拜城油鸡选用180日龄青脚、黑羽、高脚或矮脚、单冠或豆冠的母鸡，羽色光亮且体重1.4kg以上留作种用。黑羽良凤花公鸡选择180日龄体重在2.5～3.1kg羽色光亮的青年公鸡。杂交前，课题组对留作种用的公母鸡进行鸡白痢检疫，淘汰阳性鸡；进行禽流感和新城疫抗体监测，群体抗体合格率达到70%以上。配种方式为人工授精，每5d一次。母鸡产蛋率达20%以上后开始选留种蛋，种蛋采用人工孵化。出壳雏鸡选留羽毛整洁、精神饱满、叫声清脆的鸡苗，出壳后1日龄内免疫鸡马立克氏病疫苗。

1.2 饲养方式及管理

试验时间为2019年5月20日至2019年8月20日，共90d，试验场选在吐鲁番地区振祥养殖合作社（221团四连），数量为3 000只。育雏舍为半边开放的棚舍，用白色厚塑料布遮围，起到聚热保温作用，地面铺10～20cm厚麦草。在育雏期，塑料盖布中午打开透气，傍晚封闭聚热。育雏期选用天康肉鸡饲料，早晚勤喂，供足饮水。育成期放养在果林下，自由采食，人工补饲。白天提供清洁井水，清晨补饲玉米和大麦等碎原粮或原粮粉，中午饲喂新鲜青草或葡萄藤（叶），傍晚补饲全价肉鸡育成料，饲料配方见表1。

表1　饲料配方

单位：%

饲料名称	蛋白质	粗纤维	钙	总磷	粗灰分	氯化钠	蛋氨酸+胱氨酸	水分
肉小鸡料	≥19.5	≤5.0	0.80~1.30	≥0.60	≤7.0	0.15~0.80	0.70	≤14.0
肉中鸡料	≥18.0	≤5.0	0.70~1.30	≥0.50	≤7.0	0.15~0.80	0.65	≤14.0
肉大鸡料	≥16.0	≤5.0	0.70~1.30	≥0.50	≤7.0	0.15~0.80	0.6	≤14.0

1.3　预防免疫

育雏期和育成期主要预防新城疫、传染性支气管炎、传染性法氏囊病和禽流感H5+H7等（免疫程序见表2），其他需要预防的病主要是由葡萄球菌、大肠杆菌或沙门菌等感染引发的消化道疾病及呼吸道疾病，定期投放诺氟沙星和红霉素。

肉雏鸡饲料中固有添加剂为氯霉素50mg/kg和恩拉霉素10mg/kg。

表2　免疫程序

接种日期	疫苗种类	接种方法
1日龄	马立克病疫苗	皮下或肌内注射
6日龄	新城疫-传支H120二联冻干苗	滴鼻或点眼
12日龄	传染性法氏囊病冻干苗	饮水
16日龄	新城疫-禽流感二联冻干苗	滴鼻或点眼
21日龄	传染性法氏囊病冻干苗	饮水
32日龄	新城疫灭活疫苗 新城疫油苗	皮下注射
40日龄	禽流感H5+H7灭活疫苗	皮下注射

注：传染性支气管炎简称传支。

1.4　育雏期的温度、光照和饲养密度

育雏期温度白天与外界一致，晚上盖塑料布后比外界温度高3~5℃，从第

4 周龄起白天与夜晚舍内温度与外界一致。1~3 周龄，晚上补光，从 4 周龄起与外界一致。饲养密度在 1~4 周龄逐渐减少，5 周龄以后保持在 5~6 只/m²，见表 3。

表 3　各日龄饲养温度、光照和饲养密度参照指标

周龄	温度/℃		光照/h	密度（只/m²）
	白天	夜晚		
1	32~38	20~25	22~24	20~23
2	33~40	22~28	18~20	18~20
3	37~40	22~29	14~16	15~18
4	与外界温度一致		自然光	10~15
5~13	与外界温度一致		自然光	5~6

2　疾病预防效果

育雏期试验鸡出现拉稀症状，在水中投服诺氟沙星后，症状减轻。70~80 日龄时，中暑死亡 318 只，育雏期末成活率达到 98%，育成期成活率达到 89%，累计成活率达到 87.3%。各日龄成活率见表 4。

表 4　40 日龄和 90 日龄成活率

日龄/d	期初数/只	死亡数/只	期末数/只	成活率/%	累计成活率/%
49	3 000	62	2 938	98%	98.0
90	2 938	318	2 620	89%	87.3

3　饲养效果

分别于 49 日龄和 90 日龄测量油麻鸡的体重和耗料量，其结果见表 5 至表 10。

表 5　49 日龄和 90 日龄平均体重

日龄/d	抽查数量/只		平均体重/g	
	公鸡	母鸡	公鸡	母鸡
49	30	70	1 351.72	956.80
90	50	50	2 431.20	1 754.40

表6　49日龄母鸡个体体重抽测结果

序号	体重/g	序号	体重/g	序号	体重/g	序号	体重/g	序号	体重/g
1	1 300	15	800	29	850	43	800	57	900
2	1 400	16	850	30	900	44	750	58	750
3	850	17	900	31	800	45	1 150	59	1 250
4	750	18	850	32	800	46	1 200	60	1 250
5	900	19	700	33	800	47	800	61	900
6	1 050	20	800	34	950	48	950	62	1 300
7	1 200	21	850	35	1 150	49	800	63	850
8	1 200	22	850	36	800	50	850	64	900
9	1 050	23	1 300	37	900	51	800	65	850
10	750	24	1 100	38	850	52	950	66	800
11	750	25	950	39	750	53	900	67	800
12	1 300	26	750	40	1150	54	950	68	1 050
13	800	27	1 200	41	900	55	850	69	1 300
14	900	28	900	42	750	56	1 250	70	900

注：母鸡平均体重956.80g。

表7　49日龄公鸡个体体重抽测结果

序号	体重/g	序号	体重/g	序号	体重/g	序号	体重/g	序号	体重/g
1	1 600	7	1 600	13	950	19	1 450	25	1 450
2	1 600	8	1 300	14	1 250	20	1 350	26	1 450
3	1 550	9	1 300	15	1 250	21	1 400	27	1 400
4	1 500	10	800	16	1 150	22	1 700	28	1 550
5	1 100	11	1 400	17	800	23	1 050	29	1 550
6	1 650	12	1 350	18	1 400	24	1 300	30	1 450

注：公鸡平均体重1 351.72g。

表 8　90 日龄母鸡个体体重抽测结果

序号	体重/g	序号	体重/g	序号	体重/g	序号	体重/g	序号	体重/g
1	1 200	11	1 540	21	1 590	31	2 030	41	1 650
2	1 330	12	2 100	22	1 460	32	1 260	42	1 450
3	1 520	13	2 700	23	1 720	33	2 170	43	1 330
4	2 000	14	2 440	24	2 400	34	1 750	44	2 200
5	1 200	15	1 580	25	1 850	35	2 090	45	1 540
6	2 450	16	1 330	26	1 610	36	2 230	46	1 630
7	1 500	17	2 180	27	2 100	37	2 010	47	1 370
8	1 450	18	2 050	28	1 900	38	2 090	48	1 240
9	2 240	19	2 050	29	1 480	39	1 480	49	1 540
10	1 900	20	1 320	30	1 370	40	1 600	50	1 500

注：母鸡平均体重 1 754.40g。

表 9　90 日龄公鸡个体体重抽测结果

序号	体重/g	序号	体重/g	序号	体重/g	序号	体重/g	序号	体重/g
1	2 800	11	2 610	21	2 810	31	1 760	41	2 300
2	1 800	12	2 280	22	2 590	32	2 720	42	2 490
3	2 510	13	2 520	23	2 530	33	2 910	43	2 300
4	2 250	14	2 840	24	1 860	34	2 380	44	2 980
5	2 100	15	2 030	25	2 460	35	2 310	45	3 270
6	1 770	16	1 920	26	1 760	36	3 390	46	2 580
7	2 670	17	2 840	27	1 750	37	1 950	47	2 480
8	2 400	18	2 510	28	1 880	38	2 280	48	2 300
9	3 190	19	2 470	29	2 590	39	2 300	49	2 570
10	2 780	20	2 940	30	2 390	40	2 490	50	1 950

注：公鸡平均体重 2 431.20g。

表 10　饲料消耗情况

周龄/周	死亡数/只	平均存栏数/只	累计耗全价料/kg	平均只耗料量/kg	原粮料/kg	鲜草叶/kg
1~3	62	2 969	3 000	1.010	0	0
4~7	0	2 938	9 000	3.633	0	2 000
8~13	318	2 779	5 500	1.979	7 400	4 000
累计	380	2 620	17 500	6.052	7 400	6 000

4 效果分析

试验鸡的育雏期和育成期正处于吐鲁番地区的高温干旱旱期，此时的气候可抑制细菌、病毒和寄生虫的繁殖和传播，因此这一时期呼吸道病、消化道病和寄生虫病的发病率极低，加上该鸡种本身抗病力较强，育雏期成活率达到98%是完全可能的。鸡属于恒温动物，体温保持在 40.5~42.0℃，每分钟呼吸次数为 22~25 次，每分钟心跳次数为 150~200 次，全身羽毛无汗腺，散热主要靠提高呼吸频率。当外界温度与体温接近时，鸡会感到不适。当外界温度大于体温时，由于呼吸频率增加，体内 CO_2 大量排出，血液中的 H^+ 和 HCO_3^- 浓度急剧下降，pH 值升高，可引发呼吸性碱中毒，导致死亡。如果持续高温，pH 值由碱性状态转变成酸性状态，引发呼吸性酸中毒死亡。本次试验，由于育成期的外界环境持续 44℃ 以上，导致 318 羽鸡热应激死亡，造成育成期成活率偏低。由此看来，防暑降温或避开极限高温是提高成活率的主要措施。

体重的增长与环境温度、疾病、饲料营养及管理等因素有直接的关系。本次试验使用的是营养水平高的肉鸡育雏料和肉鸡育成料，因此鸡的生长速度较快，49 日龄时，母鸡平均体重达到 956.80g，公鸡平均体重达到 1 351.7g；90 日龄时，母鸡平均体重达到 1 754.40g，公鸡平均体重达到 2 431.20g，比报道的 90 日龄拜城油鸡母鸡体重 956.6g 和公鸡体重 1 335.1g 分别重 797.8g 和 1 096.1g，比报道的 75 日龄圈养麻羽肉鸡体重轻，生长期长 15d。说明除品种因素外，在高温干旱地区油麻鸡的生长速度还是比土种油鸡快，比麻羽肉鸡慢。油麻鸡杂交育种的目标是 120 日龄放养，母鸡和公鸡出栏体重分别达到 1 600g 和 2 200g。在本试验中，90 日龄的母鸡和公鸡个体体重的达标率分别为 54% 和 76%。生长的均匀度较低，公鸡高于母鸡，说明个体生长速度和抗热应激能力差异较大。

育雏期和育成期公鸡和母鸡累计个体平均耗料 8.880kg，其中配合料 6.052kg，原粮 2.824kg，母鸡和公鸡的料重比分别为 5.07∶1 和 3.65∶1（注：均为配合料+原粮）。

虽然料重比比圈养麻鸡高，但饲料成本降低了。这是因为除了品种原因外，饲养过程中原粮的投入减少了。油麻鸡的食草性能比其他品种鸡好，可达到日采食量的 30%~40%，补饲原粮和采食青绿叶草可降低配合饲料的消耗量，从而降低饲养成本。本次试验补饲的绿叶草量还未达到油麻鸡的需要量。

5 讨论

在吐鲁番地区高温环境下饲养鸡，鸡在育雏期的供热成本会减少，疾病发生率下降，成活率提高。但是，当外界环境温度持续在 42℃ 以上时，林下放养不但需要有足够面积的林荫遮阳，还需要采取喷水、吹风和降低全价饲料能量等措施降温；当气温达到 44℃ 以上的极限温度时，生长速度快体重大的鸡易发生中暑死亡，因此在制订周转计划时，最好避开极限温度季节。

吐鲁番地区以种植葡萄和桑椹等植物为主，有丰富的桑叶和葡萄叶资源，油麻鸡的食草性能，在林下养殖不但可节省原粮型饲料，降低成本，还可提高鸡肉的品质，这是其他蛋鸡品种和肉鸡品种无法比拟的。虽然吐鲁番地区温度较高，但油麻鸡 F_1 代是通过改良后的"土鸡"杂交代，其抗逆性能要比其他肉用鸡种和产蛋鸡种强，因为体重越大，代谢越快，其抗热应激能力越差。

本文原载 国外畜牧学−猪与禽，2020（1）：24-28

拜城油鸡与良凤花鸡杂交后代体尺测定及分析

摘要：为了培育出适合在新疆地区饲养的优质土鸡品种，试验采用拜城油鸡的公鸡与良凤花鸡的母鸡进行杂交，得到杂交一代（F_1代），选取 F_1 代青脚母鸡与拜城油鸡公鸡回交得到杂交二代（F_2 代），再选用性状突出的杂交 F_2 代母鸡与 F_2 代高脚公鸡本交得到杂交三代 A（油麻鸡 F_3 代 A 型），用杂交 F_2 代母鸡与良凤花公鸡杂交得到杂交三代 B（油麻鸡 F_3 代 B 型），分别测量油麻鸡 F_3 代 A 型和 F_3 代 B 型的体尺性状并进行比较。结果表明，油麻鸡 F_3 代 A 型和 F_3 代 B 型具有特殊体形外貌、抗病力强、耐粗饲、饲料转化率较高的特点。说明油麻鸡 F_3 代 A 型和 F_3 代 B 型总体性状优于拜城油鸡和良凤花鸡，适合在新疆和田等地区推广。

关键词：油麻鸡；拜城油鸡；良凤花鸡；杂交；体尺

拜城油鸡作为新疆优良的地方土鸡品种，肉质优良、细嫩、鲜美，原产地在拜城周边，具有抗病能力强、耐粗饲的特性，但拜城油鸡的缺点是生长速度缓慢，成年体重偏轻，饲料转化率低，不适应规模化生产的需要。拜城油鸡按脚型可分为矮脚型、高脚型和乌肉型，按冠形又可分为单冠、玫瑰冠和豆冠。其中高脚拜城油鸡体形相对较大，脚高骨粗，头大而粗如鹰头，体形如鞍，体格壮实，颈长，公母鸡均有耳叶，公鸡体羽有红、黄两色，脚趾间距宽似"十"字，腿骨粗实，母鸡体羽有黑褐、黄褐等，具有特殊的体形特点。

良凤花鸡是南宁良凤花鸡育种中心培育的快大型肉鸡品种，分为良凤青脚鸡、良凤黑鸡和良凤黄鸡，其中以麻羽为主，羽毛丰满，羽色鲜亮，原产于南宁市郊风景秀丽的良凤江畔，生长速度快，饲料报酬高，出栏体重大，产肉性能高，适于圈养。

本试验的目的是将拜城油鸡和良凤花鸡进行杂交，使两个品种的遗传优势得到集中表现，培育出遗传稳定肉蛋兼用的抗病能力强、耐粗饲、生长速度较快、体形优美、适于放养的肉蛋兼用优良品系，提高杂交后代林下饲养的性能，增加优良土鸡品种资源的开发利用价值、效率及饲养效益。试验对 120 日龄杂交油麻鸡 F_3 代两个品系的体重和体尺性状进行测定，并与文献报道的拜城油鸡和良凤花鸡进行比较，以研究该杂交品种的优势和在新疆地区推广的可行性。

1 材料

拜城油鸡的公鸡，新疆农业大学钟元伦教授团队开展拜城油鸡品种资源保

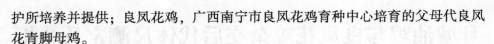

护所培养并提供;良凤花鸡,广西南宁市良凤花鸡育种中心培育的父母代良凤花青脚母鸡。

2 方法

杂交饲养模式均采用三层阶梯式笼养,饲喂希望牌鸡饲料,第一次杂交、第二次回交均选用父母代蛋鸡育雏、育成和产蛋饲料,第三次本交选用肉杂鸡育雏、育成饲料,父母代用产蛋饲料,均采用人工授精、人工孵化。第三次本交得到杂交三代(F_3代)A 型,其育雏期饲喂肉杂鸡饲料,集中高温育雏,42d 后林下放牧,人工补饲。

2.1 杂交方法

利用拜城油鸡的公鸡与良凤花黑羽青脚母鸡进行第 1 次杂交,得到杂交一代(F_1),再利用杂交一代(F_1)青脚母鸡与拜城油鸡的公鸡进行回交得到 F_2 代,选取 F_2 代青脚母鸡与良凤花黑羽青脚公鸡进行杂交,得到油麻鸡 F_3 代 B 型商品代公鸡和母鸡,选取 F_2 代黑羽青脚高腿公母鸡进行横交,得到 F_3 代 A 型商品代公鸡和母鸡。

2.2 体尺、体重测量方法

120 日龄时,测定前一日晚上随机抽取油麻鸡 F_3 代 A 型和 F_3 代 B 型公鸡各 15 只,母鸡各 15 只,禁食 12h 后进行活重、体斜长、龙骨长、胸宽、胸深、胫长、胫围测定,测定方法参照 NY/T 823—2004《家禽生产性能名称术语和度量统计方法》。

2.3 数据的统计分析

相关测定结果用 Excel 软件进行数据整理,SPSS 17.0 软件进行单因素方差分析,结果以"平均值±标准差"表示。

3 结果与分析

3.1 油麻鸡 F_3 代 A 型和油麻鸡 F_3 代 B 型体重、体尺比较

油麻鸡 F_3 代 A 型和油麻鸡 F_3 代 B 型体重和体尺比较见表 1。

表 1　油麻鸡 F_3 代 A 型和油麻鸡 F_3 代 B 型体重和体尺比较

指标	油麻鸡 F_3 代公鸡		油麻鸡 F_3 代母鸡	
	A 型	B 型	A 型	B 型
体重/kg	2.10±0.16^{Aa}	2.30±0.11^{Bb}	1.50±0.11^{Aa}	2.09±0.09^{Bb}
体斜长/cm	24.97±1.40^{Aa}	22.73±1.25^{Bb}	22.43±0.98^{Aa}	22.09±1.73^{Aa}
龙骨长/cm	14.21±0.85^{Aa}	13.95±0.83^{Aa}	13.03±0.85^{Aa}	13.19±1.81^{Aa}

（续表）

指标	油麻鸡 F₃ 代公鸡		油麻鸡 F₃ 代母鸡	
	A 型	B 型	A 型	B 型
胸宽/cm	7.49±0.80^{Aa}	7.73±0.68^{Aa}	6.20±0.96^{Aa}	7.39±0.70^{Bb}
胸深/cm	6.92±0.46^{Aa}	7.61±0.49^{Bb}	6.24±0.81^{Aa}	6.90±0.62^{Bb}
胫长/cm	13.2±0.64^{Aa}	12.08±0.71^{Bb}	10.54±1.19^{Aa}	10.53±0.55^{Aa}
胫围/cm	5.33±0.42^{Aa}	5.65±0.39^{Ab}	4.64±0.39^{Aa}	5.06±0.39^{Bb}

注：同行数据同性别间，大写字母完全不同表示差异极显著（$P<0.01$），小写字母完全不同表示差异显著（$P<0.05$），含相同字母表示差异不显著（$P>0.05$），下同。

由表 1 可知，120 日龄 A 型和 B 型公鸡体重分别为 2.10kg 和 2.30kg，母鸡体重分别为 1.50kg 和 2.09kg；A 型和 B 型公鸡体重差异极显著（$P<0.01$），B 型母鸡体重比 A 型高 0.59kg。公鸡体斜长、龙骨长、胸宽、胸深、胫长和胫围公鸡均大于母鸡。油麻鸡 F₃ 代 A 型公鸡的体斜长、胫长极显著大于 B 型（$P<0.01$），B 型胸深极显著大于 A 型（$P<0.01$），龙骨长和胸宽公鸡 A 型和 B 型差异不显著（$P>0.05$）。

油麻鸡 F₃ 母鸡体重、胸宽、胸深、胫围 B 型极显著大于 A 型（$P<0.01$），体斜长、龙骨长、胫长 A 型和 B 型差异不显著（$P>0.05$）。

3.2　油麻鸡 F₃ 代 A 型与拜城油鸡、良凤花鸡体尺比较

将油麻鸡 F₃ 代 A 型体重、体尺与革明古丽等报道的 154 日龄圈养纯种拜城油鸡测量结果和袁立岗等对 75 日龄圈养良凤花鸡测量结果相比较，结果见表 2。

表 2　油麻鸡 F₃ 代 A 型与拜城油鸡和良凤花鸡体尺比较

指标	公鸡			母鸡		
	油麻鸡 F₃ 代 A 型	拜城油鸡	良凤花鸡	油麻鸡 F₃ 代 A 型	拜城油鸡	良凤花鸡
体重/kg	2.10±0.16^{Aa}	2.09±0.07^{Aa}	2.77±0.15^{Bb}	1.50±0.11^{Aa}	1.34±0.06^{Aa}	2.22±0.09^{Bb}
体斜长/cm	24.97±1.40^{Aa}	21.25±0.97^{Bb}	22.67±1.35^{Bb}	22.43±0.98^{Aa}	20.16±1.02^{Bb}	22.32±1.24^{Aa}
龙骨长/cm	14.21±0.85^{Aa}	11.23±1.24^{Bb}	12.84±1.35^{Bb}	13.30±1.33^{Aa}	9.21±1.03^{Bb}	11.69±1.21^{Bb}
胸宽/cm	7.49±0.80^{Aa}	8.61±0.73^{Bb}	8.74±0.75^{Bb}	6.20±0.96^{Aa}	7.36±0.61^{Bb}	9.23±1.84^{Bb}
胸深/cm	6.92±0.46^{Aa}	8.46±0.94^{Bb}	9.37±1.56^{Bb}	6.24±0.81^{Aa}	7.12±0.65^{Bb}	10.54±1.87^{Bb}
胫长/cm	13.2±0.60^{Aa}	9.46±0.67^{Bb}	10.92±1.87^{Bb}	10.54±1.19^{Aa}	8.89±0.56^{Bb}	9.65±1.18^{Bb}

（续表）

指标	公鸡			母鸡		
	油麻鸡 F₃ 代 A 型	拜城油鸡	良凤花鸡	油麻鸡 F₃ 代 A 型	拜城油鸡	良凤花鸡
胫围/cm	5.33±0.42^{Aa}	2.27±0.23^{Bb}	5.26±0.37^{Aa}	4.64±0.39^{Aa}	2.02±0.16^{Bb}	4.95±0.32^{Aa}

由表 2 可知，油麻鸡 F_3 代 A 型公、母鸡龙骨长、胫长均极显著大于拜城油鸡和良凤花鸡（$P<0.01$）；良凤花鸡公母鸡的体重均极显著大于油麻鸡 F_3 代 A 型公母鸡（$P<0.01$），而油麻鸡 F_3 代 A 型与拜城油鸡公母鸡体重差异不显著（$P>0.05$）；油麻鸡 F_3 代 A 型与良凤花公母鸡胫围差异不显著（$P>0.05$）。拜城油鸡、良凤花鸡公母鸡胸宽、胸深极显著大于油麻鸡 F_3 代 A 型公母鸡（$P<0.01$）。

3.3　油麻鸡 F_3 代 B 型与拜城油鸡、良凤花鸡体重、体尺比较

将油麻鸡 F_3 代 B 型体重、体尺与革明古丽等报道的 154 日龄圈养纯种拜城油鸡测量结果和袁立岗等对 75 日龄圈养良凤花鸡测量结果相比较，结果见表 3。

表 3　油麻鸡 F_3 代 B 型与拜城油鸡和良凤花鸡体尺比较

指标	公鸡			母鸡		
	油麻鸡 F₃ 代 B 型	拜城油鸡	良凤花鸡	油麻鸡 F₃ 代 B 型	拜城油鸡	良凤花鸡
体重/kg	2.30±0.11^{Aa}	2.09±0.07^{Bb}	2.77±0.15^{Bb}	2.09±0.09^{Aa}	1.33±0.06^{Bb}	2.22±0.09^{Aa}
体斜长/cm	22.73±1.25^{Aa}	21.25±0.97^{Aa}	22.67±1.35^{Aa}	22.09±1.73^{Aa}	20.16±1.02^{Ab}	22.22±1.24^{Aa}
龙骨长/cm	13.95±0.83^{Aa}	11.23±1.24^{Bb}	12.84±1.35^{Ab}	13.19±1.81^{Aa}	9.21±1.03^{Bb}	11.69±1.21^{Ab}
胸宽/cm	7.73±0.68^{Aa}	8.61±0.73^{Ab}	8.74±0.75^{Bb}	7.39±0.70^{Aa}	7.36±0.61^{Aa}	9.23±1.84^{Bb}
胸深/cm	7.61±0.49^{Aa}	8.46±0.94^{Bb}	9.37±1.56^{Bb}	6.90±0.62^{Aa}	7.12±0.65^{Aa}	10.54±1.87^{Bb}
胫长/cm	12.08±0.71^{Aa}	9.46±0.67^{Bb}	10.92±1.87^{Bb}	10.53±0.55^{Aa}	8.89±0.56^{Bb}	9.65±1.18^{Bb}
胫围/cm	5.65±0.39^{Aa}	2.27±0.23^{Bb}	5.26±0.37^{Ab}	5.06±0.39^{Aa}	2.02±0.16^{Bb}	4.95±0.32^{Aa}

由表 3 可知，体重方面油麻鸡 F_3 代 B 型公鸡与拜城油鸡公鸡、良凤花公鸡差异极显著（$P<0.01$），而与良凤花母鸡体重差异不显著（$P>0.05$）。各品种间公鸡体斜长均差异不显著（$P>0.05$），B 型母鸡体斜长显著大于拜城油鸡（$P<0.05$），与良凤花鸡体斜长差异不显著（$P>0.05$）。油麻鸡 F_3 代 B 型公母鸡龙骨长、胫长、胫围极显著大于拜城油鸡公母鸡（$P<0.01$），油麻鸡 F_3 代

B 型公母鸡胸宽、胸深、胫长极显著大于良凤花鸡公母鸡（$P<0.01$）；B 型公鸡胸宽显著大于拜城油鸡公鸡（$P<0.05$），B 型公母鸡龙骨长显著大于良凤花鸡公母鸡（$P<0.05$）。B 型母鸡胫围与良凤花鸡母鸡差异不显著（$P>0.05$）。

4　讨论

4.1　两个杂交品系和拜城油鸡、良凤花鸡体重、体尺比较分析

本试验中，油麻鸡 F_3 代 A 型和 B 型公鸡 120 日龄体重均超过了 2.0kg，120 日龄母鸡体重油麻鸡 F_3 代 A 型为 1.50kg 左右，油麻鸡 F_3 代 B 型母鸡体重达到了 2.09kg 左右，体重较拜城油鸡有所提高，而且油麻鸡 F_3 代 B 型母鸡体重与良凤花鸡母鸡体重相当。油麻鸡 F_3 代 A 型和 B 型在体斜长、龙骨长、胫长方面公母鸡均高于拜城油鸡和良凤花鸡公母鸡；公母鸡胫围均高于拜城油鸡，而和良凤花鸡相近。

4.2　根据品系选育方法的要求

优质肉鸡重点选择性状包括羽色、肤色、跖色、冠形、上市时鸡冠大小、体重、体尺、饲料转化率、自别雌雄等性状，本试验选育的油麻鸡 F_3 代 A 型和 B 型公鸡体形高大、羽色鲜艳，青脚，冠形分为单冠和玫瑰冠，而且鸡冠较大，体重较拜城油鸡有了很大的提升，体尺方面也有较大幅度的提高。

5　结论

试验对培育的油麻鸡 F_3 代 A 型和 B 型公母鸡进行了体重、体尺的测量，掌握了第一手的数据资料，通过分析可知，油麻鸡 F_3 代 A 型和 F_3 代 B 型公母鸡在体斜长、龙骨长、胫长和胫围均优于拜城油鸡和良凤花鸡，弥补了拜城油鸡成年体重偏轻的缺点，得到了具有特殊体形外貌、抗病力强、耐粗饲、饲料转化率较高的新品种，可以在新疆和田等地区推广养殖，增加当地养殖户的收入。

本文原载　黑龙江畜牧兽医，2019（24）：50–52

油麻鸡与拜城油鸡、良凤花鸡生产性能比较

摘要：在乌鲁木齐近郊某养鸡场养殖拜城油鸡、良凤花鸡、油麻鸡各200只，饲养环境和条件相同，定期测量其体重，记录产蛋性能指标，120日龄时测量体尺性状、屠宰性能、肌肉品质，比较3个品种的生长性能、产蛋性能、体尺性状和屠宰性能。试验结果显示，120日龄时良凤花鸡公鸡体重最重，但成活率较低，油麻鸡成活率和体重介于良凤花鸡和拜城油鸡之间；油麻鸡开产日龄、50%产蛋率周龄、高峰产蛋率、单产等产蛋性能均优于拜城油鸡和良凤花鸡；油麻鸡公母鸡体斜长、龙骨长、胫长和胫围均优于拜城油鸡和良凤花鸡；油麻鸡屠宰性能比拜城油鸡高，比良凤花鸡略低。油麻鸡保留了拜城油鸡成活率高、抗逆性强、耐粗饲的特点，其屠宰性能、外貌特性、生长速度等又表现出优良的特性，兼顾了拜城油鸡和良凤花鸡两个品种的优势，适合在新疆地区饲养。

关键词：拜城油鸡；良凤花鸡；油麻鸡；杂交利用

拜城油鸡是新疆优质的土鸡品种，其抗病性强、耐粗饲、肌肉品质优，但生长速度较慢、体重轻、屠宰率低。为了保持其优点，改善其不足性能，又适于野外环境饲养，利用拜城油鸡作父本、良凤花鸡作母本进行多次杂交得到油麻鸡，将商品代油麻鸡各项性能与商品代拜城油鸡、良凤花鸡进行比较，以期验证油麻鸡在新疆推广的可行性。

1 材料与方法

1.1 试验材料

在乌鲁木齐近郊某养鸡场养殖拜城油鸡、良凤花鸡、油麻鸡各200只，饲养环境和条件相同。

1.2 方法

定期测量体重，记录产蛋性能指标，120日龄时测量体尺性状、屠宰性能、肌肉品质。120日龄时测定，前1d晚上随机抽取公鸡15只，母鸡15只，禁食12h后先称空腹时的活体重，然后颈部放血致死，脱毛机去毛，沥干皮肤水分后进行屠宰性能测定。测定过程留取胸肌、腿肌样品，编号后放入4℃冷藏保存，用以测定肉品质。测定方法按照NY/T 823—2004《家禽生产性能名称术语和度量统计方法》进行，测量屠体重、半净膛重、全净膛重、胸肌重、腿肌重、腹脂重并计算屠宰率、半净膛率、全净膛率、胸肌率、腿肌率和腹脂率、体斜长、龙骨长、胸宽、胸深、胫长、胫围。

2　结果与分析

2.1　生长性能

由表 1 可知，成活率，拜城油鸡>油麻鸡>良凤花鸡；公鸡体重，油麻鸡>良凤花鸡>拜城油鸡；母鸡体重，油麻鸡>良凤花鸡>拜城油鸡。

表 1　油麻鸡与良凤花鸡、拜城油鸡 120 日龄生长性能比较

项目	油麻鸡	拜城油鸡	良凤花鸡
成活率/%	93.5	99	90
公鸡体重/kg	2.370	2.090	2.606
母鸡体重/kg	2.100	1.330	2.030

2.2　产蛋性能

油麻鸡、拜城油鸡和良凤花鸡产蛋性能见表 2，由表 2 可知，油麻鸡开产日龄、50%产蛋率周龄、高峰产蛋率、达到高峰产蛋期周龄、70%以上产蛋率维持时间、单产等产蛋性能指标均优于良凤花鸡和拜城油鸡。

表 2　油麻鸡与良凤花鸡、拜城油鸡产蛋性能比较

品种	开产日龄/d	50%产蛋率周龄/周	高峰产蛋率/%	达到高峰产蛋期周龄/周	70%以上产蛋率维持时间/周	平均蛋重/g	单产/枚
油麻鸡	120	23	87.94	27	16	53	119.48
良凤花鸡	182	29	79.01	30	4	59	78.29
拜城油鸡	147	24	79.45	28	11	46	110.00

2.3　体尺性能

油麻鸡、拜城油鸡和良凤花鸡体尺性能见表 3，通过分析可知，油麻鸡公、母鸡龙骨长、胫长、胫围显著高于拜城油鸡和良凤花鸡公、母鸡；油麻鸡公鸡体重与拜城油鸡公鸡体重差异极显著，油麻鸡公鸡与良凤花公鸡体重差异极显著，油麻鸡母鸡体重显著大于拜城油鸡母鸡，而与良凤花母鸡体重差异不显著。公鸡体斜长之间差异均不显著，油麻鸡母鸡体斜长显著大于拜城油鸡，与良凤花鸡体斜长差异不显著。拜城油鸡、良凤花鸡母鸡胸宽、胸深显著大于油麻鸡 F_3 代 B 型母鸡。油麻鸡公母鸡体斜长、龙骨长、胫长和胫围均优于拜城油鸡和良凤花鸡，弥补了拜城油鸡成年体重偏轻的缺点，达到了新品系杂交的目的。

表3　油麻鸡、拜城油鸡和良凤花鸡体尺比较

指标	公鸡			母鸡		
	油麻鸡	拜城油鸡	良凤花鸡	油麻鸡	拜城油鸡	良凤花鸡
体重/kg	2.30±0.11^{Aa}	2.09±0.07^{Bb}	2.77±0.15^{Bb}	2.09±0.09^{Aa}	1.33±0.06^{Bb}	2.22±0.09^{Aa}
体斜长/cm	22.73±1.25^{Aa}	21.25±0.97^{Aa}	22.67±1.35^{Aa}	22.09±1.73^{Aa}	20.16±1.02^{Ab}	22.22±1.24^{Aa}
龙骨长/cm	13.95±0.83^{Aa}	11.23±1.24^{Bb}	12.84±1.35^{Ab}	13.19±1.81^{Aa}	9.21±1.03^{Bb}	11.69±1.21^{Ab}
胸宽/cm	7.73±0.68^{Aa}	8.61±0.73^{Ab}	8.74±0.75^{Bb}	7.39±0.70^{Aa}	7.36±0.61^{Aa}	9.23±1.84^{Bb}
胸深/cm	7.61±0.49^{Aa}	8.46±0.94^{Bb}	9.37±1.56^{Bb}	6.90±0.62^{Aa}	7.12±0.65^{Aa}	10.54±1.87^{Bb}
胫长/cm	12.08±0.71^{Aa}	9.46±0.67^{Bb}	10.92±1.87^{Bb}	10.53±0.55^{Aa}	8.89±0.56^{Bb}	9.65±1.18^{Bb}
胫围/cm	5.65±0.39^{Aa}	2.27±0.23^{Bb}	5.26±0.37^{Ab}	5.06±0.39^{Aa}	2.02±0.16^{Bb}	4.95±0.32^{Ab}

注：同行数据同性别间，肩标大写字母完全不同表示差异极显著（$P<0.01$），小写字母完全不同表示差异显著（$P<0.05$），含相同字母表示差异不显著（$P>0.05$），下同。

2.4　屠宰性能

油麻鸡、拜城油鸡和良凤花鸡屠宰性能见表4。

表4　油麻鸡 F_3 代 B 型和拜城油鸡、良凤花鸡屠宰性能比较

指标	公鸡			母鸡		
	油麻鸡	拜城油鸡	良凤花鸡	油麻鸡	拜城油鸡	良凤花鸡
活重/kg	2.30±0.11^{Aa}	2.09±0.07^{Bb}	2.77±0.15^{Bb}	2.09±0.09^{Aa}	1.33±0.06^{Bb}	2.24±0.09^{Aa}
屠宰率/%	87.16±4.89^{Aa}	82.23±3.69^{Ab}	89.85±0.94^{Aa}	91.96±1.28^{Aa}	83.46±2.35^{Bb}	89.95±1.66^{Aa}
半净膛率/%	82.31±2.89^{Aa}	75.35±5.35^{Bb}	81.68±1.66^{Aa}	82.81±2.19^{Aa}	74.95±5.64^{Bb}	82.39±1.05^{Aa}
全净膛率/%	64.78±3.05^{Aa}	59.12±4.68^{Aa}	68.04±1.37^{Ab}	63.93±1.96^{Aa}	58.45±4.56^{Ab}	66.75±1.21^{Bb}
胸肌率/%	17.40±3.07^{Aa}	18.13±2.13^{Aa}	18.08±0.96^{Aa}	18.73±1.54^{Aa}	19.34±2.69^{Aa}	18.48±0.59^{Aa}
腿肌率/%	22.94±1.99^{Aa}	29.63±3.61^{Bb}	23.94±0.94^{Bb}	19.23±1.72^{Aa}	28.36±3.24^{Bb}	21.83±1.09^{Bb}

通过方差分析可知，油麻鸡多数指标均优于拜城油鸡，特别是在活重、屠宰率、半净膛率、全净膛率明显优于拜城油鸡，胸肌率二者相当；油麻鸡和良凤花鸡在屠宰率、半净膛率、胸肌率相当，说明油麻鸡屠宰性能较拜城油鸡有了较大提高。

2.5　油麻鸡和良凤花鸡肉品质

由表5可知，油麻鸡与良凤花鸡肉品质差异极显著的有肉色和滴水损失。其中，公鸡的胸肌肉色油麻鸡比良凤花鸡提高7.31，母鸡提高11.08；公鸡腿肌肉色油麻鸡比良凤花鸡提高21.23，母鸡提高16.88，说明油麻鸡胸肌、腿

肌肉色比良凤花鸡更鲜亮。滴水损失公鸡油麻鸡比良凤花鸡提高 1.26 个百分点，母鸡提高 4.73 个百分点。

表5 油麻鸡和良凤花鸡肉品质比较

项目	部位	公鸡		母鸡	
		油麻鸡 F_3 代 B 型	良凤花鸡	油麻鸡 F_3 代 B 型	良凤花鸡
肉色	胸肌	59.98±6.29[Aa]	52.67±3.57[Bb]	62.26±7.55[Aa]	51.18±2.87[Bb]
	腿肌	63.78±6.89[Aa]	42.55±5.38[Bb]	63.42±5.75[Aa]	46.54±4.29[Bb]
2h pH 值	胸肌	5.58±0.23[Aa]	5.65±0.37[Aa]	5.44±0.24[Aa]	5.71±0.26[Aa]
24h pH 值	胸肌	5.62±0.28[Aa]	5.73±0.41[Aa]	5.72±0.16[Aa]	5.72±0.19[Aa]
滴水损失/%		6.77±0.54[Aa]	5.51±0.38[Bb]	7.78±0.78[Aa]	3.05±0.24[Bb]

3 小结

拜城油鸡作为新疆土鸡品种，其最大的优点是抗病性强，适应性好，灵活，鸡肉品质优良，抗应激能力强，适于放牧，但其成年体重较轻，屠宰性能不高，而良凤花鸡为快肉型品种，虽然其饲料报酬高，出栏体重大，屠宰性能好，但其肉品质较差，而且不适于放牧。二者杂交得到的油麻鸡通过比较可知，油麻鸡保留了拜城油鸡成活率高、抗逆性强、耐粗饲的特点，其屠宰性能、外貌特性、生长速度等又表现出优良的特性，兼顾了拜城油鸡和良凤花鸡两个品种的优势。2019 年在吐鲁番、和田等地推广了 5 000 只，其 120 日龄成活率达到了 93%，证明该品种鸡十分适合新疆地区饲养。

本文原载 养殖与饲料，2022（1）：5-7

拜城油鸡与良凤花鸡杂交三代（F_3 代 A 型）的屠宰性能与体尺性状

摘要：为了提高拜城油鸡的性能与良凤花鸡的肌肉品质，取得杂交优势，利用拜城油鸡与良凤花鸡进行杂交、回交和本交，得到杂交三代油麻鸡 F_3 代 A 型，测定其屠宰性能和体尺性状，屠宰率、半净膛率、全净膛率母鸡分别为 87.88%、79.17%、60.10%，公鸡分别为 88.96%、81.15%、61.94%；体尺性状包括体斜长、龙骨长、胸宽、胸深、胸围、胫长、胫围、背宽母鸡平均分别为 22.4cm、13.0cm、6.20cm、6.24cm、26.0cm、10.54cm、4.6cm、71.50cm；公鸡平均分别为 25.2cm、14.4cm、7.48cm、6.99cm、30.1cm、13.32cm、5.4cm、86.0cm。油麻鸡 F_3 代 A 型屠宰性能与体尺性状都有明显的变化，高脚、体长的特性得到表现且屠宰性能有所增加，通过杂交有利于拜城油鸡品种资源的开发利用。

关键词：拜城油鸡；良凤花鸡；杂交油麻鸡；屠宰性能；体尺性状

拜城油鸡作为新疆地方土鸡品种，抗病力强，适应性好，耐粗饲，肌肉品质优良，适于放牧。良凤花鸡具有较好的产肉性能和较高的饲料报酬，适合舍饲。利用拜城油鸡杂交良凤花鸡，可使杂交一代具有两个品种的优势。根据不同目标的杂交组合，养殖场可利用杂交、回交、本交的方式得到油麻鸡 F_3 代 A 型和 B 型。其中 A 型体重较轻，但羽色较纯，高脚、青脚；B 型体重较大，但羽色和脚部皮肤较杂。

1 材料和方法

1.1 材料

试验用的拜城油鸡选用新疆农业大学钟元伦教授科研团队培育的拜城油鸡公鸡，良凤花鸡选用的是广西南宁良凤花鸡育种中心培育的父母代良凤花青脚母鸡，杂交代饲养模式采用三层阶梯式笼养，饲喂希望牌鸡饲料，第一次杂交、第二次回交均选用父母代蛋鸡育雏、育成和产蛋饲料，第三次本交选用肉杂鸡育雏和育成饲料以及麻鸡父母代产蛋饲料，人工授精、人工孵化。第三次本交得到杂交三代 A 型（油麻鸡 F_3 代 A 型），育雏期饲喂肉杂鸡饲料，集中高温育雏，42d 后林下放牧，人工补饲。

测定结果用 Excel 软件进行数据整理，SPSS 17.0 软件进行单因素方差分析，结果以"平均值±标准差"表示。

1.2　方法

1.2.1　测定指标与方法

120 日龄时，研究人员于测定前一日晚间随机抽取油麻鸡 F_3 代 A 型公鸡 17 只和母鸡 15 只，禁食 12h 后进行屠宰性能测定，先空腹称重，然后颈部放血致死，脱毛机去毛，沥干皮肤水分后进行屠宰测定。

1.2.2　屠宰性能测定

测定方法按照 NY/T823—2004《家禽生产性能名称术语和度量统计方法》进行。测量屠体重、半净膛重、全净膛重、胸肌重、腿肌重、腹脂重，并计算屠宰率、半净膛率、全净膛率、胸肌率、腿肌率和腹脂率。测量活重，体斜长、龙骨长、胸宽、胸深、胫长、胫围、背宽。

2　杂交方法

利用拜城油鸡的公鸡与良凤花黑羽青脚母鸡进行第 1 次杂交，得到杂交一代（F_1 代），再利用 F_1 代青脚母鸡与拜城油鸡的公鸡进行回交得到 F_2 代，选取 F_2 代青脚母鸡与良凤花黑羽青脚公鸡进行杂交，得到油麻鸡 F_3 代 B 型商品代公鸡和母鸡，选取 F_2 代黑羽青脚高腿公母鸡进行横交，得到 F_3 代 A 型商品代公母鸡。选择 F_3 代 A 型公鸡和母鸡经 120d 的饲养，屠宰后测定其屠宰性能和体尺性状，并与研究测定的拜城油鸡和良凤花鸡的相关指标进行比较分析。

3　测定结果与分析

3.1　油麻鸡 F_3 代 A 型母鸡和公鸡屠宰性能

油麻鸡 F_3 代 A 型母鸡屠宰性能见表 1，体重 1 443.7g、屠体重 1 270.7g，屠宰率 87.88%，半净膛率 79.17%，全净膛率 60.10%，胸肌率 17.82%，腿肌率 21.40%，腹脂率 4.48%。油麻鸡 F_3 代 A 型公鸡屠宰性能的平均值见表 1，体重 2 159.5g，屠体重 1 921.5g，屠宰率 88.96%，半净膛率 81.15%，全净膛率 61.94%，胸肌率 17.82%，腿肌率 24.96%，腹脂率 2.13%。

表 1　油麻鸡 F_3 代 A 型 120 日龄屠宰性能结果

性别	活重/g	屠体重/g	全净膛重/g	半净膛重/g	胸肌重/g	腿肌重/g	腹脂重/g	屠宰率/%	半净膛率/%	全净膛率/%	胸肌率/%	腿肌率/%	腹脂率/%
母鸡平均值	1 443.7	1 270.7	865.6	1 140.5	77.11	92.63	38.78	87.88	79.17	60.10	17.82	21.40	4.48
公鸡平均值	2 159.5	1 921.5	1 342.6	1 753.2	119.64	167.57	28.66	88.96	81.15	61.94	17.82	24.96	2.13

3.2 油麻鸡 F_3 代 A 型与拜城油鸡、良凤花鸡屠宰性能比较

根据革明古丽等报道纯种拜城油鸡圈养环境 154 日龄的屠宰性能测定结果和根据袁立岗等测定的 75 日龄圈养良凤花鸡屠宰性能，油麻鸡 F_3 代 A 型与拜城油鸡、良凤花鸡屠宰性能比较见表 2。

表 2　油麻鸡 F_3 代 A 型、拜城油鸡和良凤花鸡屠宰性能比较

指标	公鸡			母鸡		
	油麻鸡 F_3 代 A 型	拜城油鸡	良凤花鸡	油麻鸡 F_3 代 A 型	拜城油鸡	良凤花鸡
体重/g	2 159.53±518.5[A]	2 086.24±70.31	2 769.02±152.30[B]	1 443.73±206.27[A]	1 334.21±58.64	2 242.28±90.24[B]
屠宰率/%	88.96±1.55[A]	82.23±3.69[B]	89.85±0.94	87.88±2.91[a]	83.46±2.35[b]	89.95±1.66
全净膛率/%	61.94±1.89	59.12±4.68	68.04±1.37[B]	60.10±2.80	58.45±4.56	66.75±1.21[B]
半净膛率/%	81.15±2.38[a]	75.35±5.35[b]	81.68±1.66	79.17±4.35[a]	74.95±5.64[b]	82.39±1.05[B]
胸肌率/%	17.82±2.42	18.13±2.13	18.08±0.96	17.82±2.99	19.34±2.69	18.48±0.59
腿肌率/%	24.96±1.90[A]	29.63±3.61[B]	23.94±0.94	21.40±1.62[A]	28.36±3.24[B]	21.83±1.09
腹脂率/%	2.13±1.75[a]	3.54±0.96[b]	4.22±0.77[B]	4.48±3.72[A]	1.36±0.32[B]	6.88±0.63[B]

注：同行中标不同大写或小写上标字母的数值间差异显著（$P<0.05$），下同。

通过方差分析，油麻鸡 F_3 代 A 型和良凤花鸡屠宰性能中差异极显著的有公鸡活重（前者比后者低约 610g）、母鸡活重（前者比后者低约 800g）、公鸡全净膛率（前者比后者低 6.10%）、母鸡全净膛率（前者比后者低 6.65%）、母鸡半净膛率（前者比后者低 3.22%）、公鸡腹脂率（前者比后者低 2.09%）、母鸡腹脂率（前者比后者低 2.40%）。差异不显著的屠宰性能有公鸡和母鸡屠宰率、公鸡半净膛率、公鸡和母鸡胸肌率、公鸡和母鸡腿肌率。由此可知，通过与良凤花鸡杂交，油麻鸡 F_3 代 A 型屠宰性能有了较大提高。

方差分析发现油麻鸡 F_3 代和拜城油鸡屠宰性能中差异极显著的有公鸡屠宰率（前者比后者高 6.73%）、公鸡腿肌率（后者比前者高 4.67%）、母鸡腿肌率（后者比前者高 6.94%）和母鸡腹脂率（前者比后者高 3.12%），这说明油麻鸡 F_3 代在公鸡屠宰率上有很大的提高。差异显著的屠宰性能有公鸡半净膛率（前者比后者高 5.8%）、公鸡腹脂率（后者比前者高 1.41%）、母鸡屠宰率（前者比后者高 4.42%）、母鸡半净膛率（前者比后者高 4.22%），这说明油麻鸡 F_3 代在母鸡屠宰率以及公母鸡半净膛率上有了较大的提高。差异不显著的屠宰性能有公鸡和母鸡活重、公鸡和母鸡全净膛率以及公鸡和母鸡胸肌率，这说明 120 日龄油麻鸡 F_3 代 A 型活重与 154 日龄拜城油鸡活重、全净膛

率、胸肌率相当。由此可知，油麻鸡 F_3 代 A 型多数屠宰性能指标均优于拜城油鸡，说明拜城油鸡与良凤花鸡杂交后屠宰性能有较大提高。

3.3 油麻鸡 F_3 代 A 型体尺测定结果

油麻鸡 F_3 代 A 型体尺测定结果见表 3。

表 3 油麻鸡 F_3 代 A 型 120 日龄体尺测定结果

性别	体重/g	体斜长/cm	龙骨长/cm	胸宽/cm	胸深/cm	胸围/cm	胫长/cm	胫围/cm	背宽/cm
母鸡	1 443.70	22.40	13.00	6.20	6.24	26.00	10.54	4.60	71.50
公鸡	2 159.50	25.20	14.40	7.48	6.99	30.10	13.32	5.40	86.00

油麻鸡 F_3 代 A 型母鸡体尺的平均值为体重 1 443.70g，体斜长 22.4cm，龙骨长 13.00cm，胸宽 6.20cm，胸深 6.24cm，胸围 26.00cm，胫长 10.54cm，胫围 4.60cm，背宽 71.50cm。

油麻鸡 F_3 代 A 型公鸡体尺的平均值为体重 2 159.50g，体斜长 25.20cm，龙骨长 14.4cm，胸宽 7.48cm，胸深 6.99cm，胸围 30.1cm，胫长 13.32cm，胫围 5.4cm，背宽 86.0cm。

3.4 油麻鸡 F_3 代 A 型与拜城油鸡、良凤花鸡体尺比较

根据革明古丽等报道纯种拜城油鸡圈养环境 154 日龄的体尺测定结果和根据袁立岗等测定的 75 日龄圈养良凤花鸡体尺性能，油麻鸡 F_3 代 A 型与拜城油鸡、良凤花鸡体尺性能比较见表 4。

表 4 油麻鸡 F_3 代 A 型、拜城油鸡和良凤花鸡体尺比较

指标	公鸡			母鸡		
	油麻鸡 F_3 代 A 型	拜城油鸡	良凤花鸡	油麻鸡 F_3 代 A 型	拜城油鸡	良凤花鸡
体重/g	2 159.53±518.5[A]	2 086.24±70.31	2 769.02±152.30[B]	1 443.73±206.27[A]	1 334.21±58.64	2 242.28±90.24[B]
体斜长/cm	24.97±1.40[A]	21.25±0.97[B]	22.67±1.35[B]	22.43±0.98[A]	20.16±1.02[B]	22.22±1.24
龙骨长/cm	14.21±0.85[A]	11.23±1.24[B]	12.84±1.35[B]	13.30±1.33[A]	9.21±1.03[B]	11.69±1.21[B]
胸宽/cm	7.49±0.80[A]	8.61±0.73[B]	8.74±0.75[B]	6.20±0.96[A]	7.36±0.61[B]	9.23±1.84[B]
胸深/cm	6.92±0.46[A]	8.46±0.94[B]	9.37±1.56[B]	6.24±0.81[A]	7.12±0.65[B]	10.54±1.87[B]
胫长/cm	13.2±0.64[A]	9.46±0.67[B]	10.92±1.87[B]	10.54±1.19[A]	8.89±0.56[B]	9.65±1.18[b]
胫围/cm	5.33±0.42[A]	2.27±0.23[B]	5.26±0.37	4.64±0.39[A]	2.02±0.16[B]	4.95±0.32

应用 SPSS 17.0 软件进行分析可知，油麻鸡 F_3 代 A 型公鸡和母鸡龙骨长以及胫长均显著大于拜城油鸡和良凤花鸡（$P<0.01$）；良凤花鸡公鸡和母鸡的体重均显著大于油麻鸡 F_3 代 A 型（$P<0.01$），而油麻鸡 F_3 代 A 型与拜城油鸡公鸡和拜城油鸡母体重差异不显著（$P>0.05$）；油麻鸡 F_3 代 A 型与良凤花公母鸡胫围差异不显著（$P>0.05$）；拜城油鸡和良凤花鸡胸宽以及胸深显著大于油麻鸡 F_3 代 A 型（$P<0.01$）。

4 讨论

屠宰性能是鸡可食用性的表现，通过比较油麻鸡 F_3 代 A 型公鸡和油麻鸡 F_3 代 A 型母鸡的屠宰性能可知，其屠宰率与全净膛率比良凤花鸡低，但半净膛率、胸肌率、腿肌率均比良凤花鸡高，而腹脂率都比良凤花鸡低，这更加符合土鸡的品质优势。这些差异一方面与品种遗传有关系，另一方面也与育肥期的饲养方式以及饲料营养有关系，圈养育肥饲喂全价营养饲料、放牧饲养采食虫草补饲原粮以及活动量大小等差异均会导致其屠宰性能的不同。在家禽育种过程中，体重和体尺是十分重要的表型性状，且与各项屠宰性能等指标存在一定的相关性。本研究表明，油麻鸡 F_3 代 A 型母鸡的体斜长、龙骨长以及胫长方面优势比较明显，而在胸宽和胸深方面明显处于劣势。

利用拜城油鸡杂交良凤花鸡得到的油麻鸡 F_3 代 A 型可以遗传两个品种的优势，杂交后代屠宰性能与体尺性状都有明显的变化，油麻鸡 F_3 代 A 型高脚和体长的特性得到表现，且屠宰性能有所改善，表明杂交有利于拜城油鸡品种资源的开发利用。

本文原载 国外畜牧学-猪与禽，2019（8）：61-64

拜城油鸡与良凤花麻鸡杂交后代
（F₃ 代 A 型）屠宰性能及肉品质变化

摘要：利用拜城油鸡公鸡与良凤花母鸡杂交一代（F₁），再利用拜城油鸡的公鸡与 F₁ 代中的青脚母鸡级进杂交，得到 F₂ 代，选取 F₂ 代的青脚母鸡与 F₂ 代的高脚公鸡进行横交，得到油麻鸡 F₃ 代 A 型，测定其公母鸡的屠宰性能与肉品质指标。结果表明 F₃ 代 A 型公母鸡的屠宰率、半净膛率、全净膛率分别比拜城油鸡公母鸡提高 6.73%（$P<0.01$）、5.8%（$P<0.05$）、2.82%（$P>0.05$）和 4.42%（$P<0.05$）、4.22%（$P<0.05$）、1.65%（$P>0.05$）；公母鸡胸肌肉色分别比良凤花鸡提高 7.31 和 11.08，公母鸡腿肌肉色比良凤花鸡提高 21.23 和 16.88；公母鸡胸肌滴水损失分别比良凤花鸡提高 1.26 个百分点（$P<0.01$）和 4.73 个百分点（$P<0.01$）。拜城油鸡与良凤花麻鸡杂交后，杂交后代的屠宰性能有明显改善，肉品质指标亦有相应变化。

关键词：拜城油鸡；良凤花麻鸡；杂交；屠宰性能，肉品质

拜城油鸡是原产新疆阿克苏地区拜城县的肉蛋兼用型地方品种，2010 年 1 月 15 日被列入国家畜禽遗传资源名录。拜城油鸡抗病力强、灵活、食草性好、耐粗饲、耐寒，肉质细嫩，香味浓郁，营养丰富，但生长速度慢，体重较轻，适于在野外林下草地生态养殖。良凤花鸡以麻羽为主，羽毛丰满，羽色鲜亮，生长速度快，饲料报酬高，出栏体重大，产肉性能高，适于圈养。本试验是对油麻鸡 F₃ 代 A 型进行研究，测定其公母鸡屠宰性能与肉品质，并与报道的拜城油鸡和良凤花鸡相应指标进行比较，为油麻鸡 F₃ 代 A 型在新疆地区推广提供理论依据。

1 材料与方法

1.1 素材来源与饲养管理

利用拜城油鸡公鸡与良凤花母鸡杂交一代（F₁），再利用拜城油鸡的公鸡与 F₁ 代中的青脚母鸡级进杂交，得到 F₂ 代，选取 F₂ 代的青脚母鸡与 F₂ 代的高脚公鸡进行横交，得到油麻鸡 F₃ 代 A 型，随机选取 1 日龄油麻鸡 F₃ 代 A 型 500 只，集中育雏，育雏期饲喂肉杂鸡饲料，42 日龄后林下放牧，白天自由觅食，早晚人工补饲。

1.2 测定指标与方法

120 日龄时，测定前一日晚上随机抽取油麻鸡 F₃ 代 A 型公鸡 30 只，母鸡

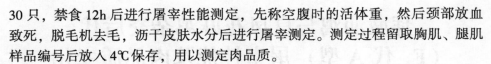

30 只，禁食 12h 后进行屠宰性能测定，先称空腹时的活体重，然后颈部放血致死，脱毛机去毛，沥干皮肤水分后进行屠宰测定。测定过程留取胸肌、腿肌样品编号后放入 4℃保存，用以测定肉品质。

1.2.1 屠宰性能测定

测定方法按照 NY/T823—2004《家禽生产性能名称术语和度量统计方法》进行，测量屠体重、半净膛重、全净膛重、胸肌重、腿肌重、腹脂重并计算屠宰率、半净膛率、全净膛率、胸肌率、腿肌率和腹脂率。

1.2.2 肉品质测定

肉色：宰后 24h 内用色差仪在 2h 和 24h 测定左腿肌、左胸肌颜色。

pH 值：鸡屠宰后 45min 内，快速测定 pH_1，后置于 4℃保存待 24h 后取样快速测定 pH_2。

滴水损失（%）：宰后 2h 内取胸肌、腿肌各 3~4g，精确称重，称重后放入 10mL 离心管（内有吸收棉），4 000r/min 离心 10min，取出肉样，称肉样重，失水率（%）=（离心前肉样重-离心后肉样重）/离心前肉样重×100。

剪切力（N/cm^2）：按照 NY/T1180—2006《肉嫩度的测定 剪切力测定法》进行操作。

1.3 统计与分析

相关测定结果用 Excel 软件进行数据整理，SPSS 17.0 软件进行单因素方差分析，结果以（平均值±标准差）表示。

2 结果与分析

2.1 试验鸡不同日龄体重

在 30 日龄、42 日龄、60 日龄、120 日龄随机抽取油麻鸡 F_3 代 A 型公、母鸡共 60 只称重，结果见表 1。由表 1 可知，油麻鸡 F_3 代 A 型 120 日龄公鸡体重为 2 095.74g，母鸡体重为 1 504.53g。

表 1 油麻鸡 F_3 代 A 型不同日龄体重

日龄/d	油麻鸡 F_3 代 A 型/g	
	公鸡	母鸡
7	82.45±2.87[A]	
14	211.27±35.95[A]	
21	320.14±24.87[A]	
42	688.33±67.82[A]	661.18±51.26

（续表）

日龄/d	油麻鸡 F$_3$ 代 A 型/g	
	公鸡	母鸡
63	1 054.12±68.17^A	947.35±3.42^A
75	1 257.18±91.43^A	1 079.45±132.11^A
120	2 095.74±157.18^A	1 504.53±108.28^A

注：同行数据不同性别间，未标注字母表示差异不显著（$P>0.05$），标注小写字母不同者表示差异显著（$P<0.05$），标注大写字母不同者表示差异极显著（$P<0.01$），下同。

油麻鸡 F$_3$ 代 A 型的公鸡的体重均匀度为 0.78，母鸡的体重均匀度为 0.84。

体重变异系数为公鸡 7.5%，母鸡为 7.2%，根据张树阁的报告，鸡群体重变异系数在 8% 以下为合格鸡群，因此本鸡群达到育种要求。

2.2　屠宰性能测定

F$_3$ 代 A 型公母鸡屠宰性能见表 2。

表 2　油麻鸡 F$_3$ 代 A 型 120 日龄屠宰性能测定

指标	公鸡（30 只）	母鸡（30 只）
活重/g	2 095.68±157.18^A	1 504.53±108.28^B
屠宰重/g	1 852.01±463.59^A	1 270.68±202.99^B
屠宰率/%	88.96±1.55	87.88±2.91
全净膛重/g	1 291.81±335.17^A	865.6±111.30^B
全净膛率/%	61.94±1.89^a	60.10±2.80^b
半净膛重/g	1 689.86±425.95^A	1 140.52±152.92^B
半净膛率/%	81.15±2.38	79.17±4.35
胸肌重/g	115.24±45.55^A	154.22±24.37^B
胸肌率/%	17.82±2.42	17.97±2.99
腿肌重/g	160.49±45.82^A	92.63±13.53^B
腿肌率/%	24.96±1.90^A	21.40±1.62^B
腹脂重/g	25.92±35.47	38.78±34.06
腹脂率/%	2.13±1.75^a	4.48±3.72^b

2.3　油麻鸡 F$_3$ 代 A 型肉品质测定

油麻鸡 F$_3$ 代 A 型肉品质测定结果见表 3。

表 3　油麻鸡肉品质

项目	部位	公鸡（30只）	母鸡（30只）
2h 肉色	胸肌	65.04±6.30[a]	62.33±6.30[b]
	腿肌	62.99±6.43	59.56±5.95
24h 肉色	胸肌	59.98±6.29[a]	62.26±7.55[b]
	腿肌	63.78±6.89	63.42±5.75
2h pH 值	胸肌	5.58±0.23[A]	5.44±0.24[B]
	腿肌	5.54±0.20	5.51±0.17
24h pH 值	胸肌	5.62±0.28[a]	5.72±0.16[b]
	腿肌	5.40±0.17[A]	5.59±0.23[B]
滴水损失/%		6.77±0.54	7.78±0.78
剪切力/（N/cm²）		21.66±7.81	21.66±7.81

2.4　油麻鸡 F_3 代 A 型与其他品种比较分析

三个品种的鸡按各自适宜的饲养方式，出栏时测定屠宰性能和肉品质。油麻鸡 F_3 代 A 型是网上集中育雏，饲喂全价饲料，42 日龄以后林下放养，白天自由觅食，早晚补饲全价饲料。革明古丽等报道的拜城油鸡是笼养全期饲喂全价日粮，屠宰性能是在 22 周龄（即 154 日龄）测定的。袁立岗等报道的良凤花鸡是圈养全期饲喂全价饲料，屠宰性能是在 70 日龄测定的。

2.4.1　油麻鸡 F_3 代 A 型、拜城油鸡和良凤花鸡体重比较

由表 4 可知，120 日龄时油麻鸡 F_3 代 A 型公、母鸡体重分别比拜城油鸡重 379.32g、317.97g，且差异均达到极显著（$P<0.01$）。从相同日龄比较，油麻鸡 F_3 代 A 型公、母鸡也均大于拜城油鸡，说明油麻鸡 F_3 代 A 型生长速度要高于拜城油鸡。但与良凤花鸡相比，生长速度要慢，相同日龄（75 日龄）公、母鸡均低于良凤花鸡公、母鸡的平均值且差异显著（$P<0.05$）。

表 4　油麻鸡 F_3 代 A 型、拜城油鸡和良凤花鸡体重比较　　单位：g

日龄/d	油麻鸡 F_3 代 A 型		拜城油鸡		良凤花鸡	
	公鸡	母鸡	公鸡	母鸡	公鸡	母鸡
7	82.45±2.87[A]		64.96±8.24[B]		90.47±5.76[C]	
14	211.27±35.95[A]		112.32±15.13[B]		222±41.53[C]	

（续表）

日龄/d	油麻鸡 F₃ 代 A 型		拜城油鸡		良凤花鸡	
	公鸡	母鸡	公鸡	母鸡	公鸡	母鸡
21	320. 14±24. 87^A		194. 33±28. 19^B		418. 17±41. 21^C	
42	688. 33±67. 82^A	661. 18±51. 26	634. 58±30. 42^B	509. 03±27. 59^B	1 356. 94±134. 17^C	
63	1 054. 12±68. 17^A	947. 35±3. 42^A	967. 54±51. 98^B	793. 25±47. 56^B	1 887. 12±168. 43^C	
75	1 257. 18± 91. 43^A	1 079. 45± 132. 11^A	1 174. 12± 56. 74^B	864. 84± 56. 41^B	2 771. 21± 152. 30^C	2 223. 74± 90. 24^C
120	2 095. 74± 157. 18^A	1 504. 53± 108. 28^A	1 716. 42± 70. 26^B	1 186. 56± 69. 32^B	—	—

注：1. 42 日龄前未进行性别鉴定，体重为随机抽样称重测定；2. 良凤花鸡数据，75 日龄前体重为每周测量（公母未分别测量），75 日龄后未测量（75 日龄出栏）。

2.4.2　油麻鸡 F₃ 代 A 型与拜城油鸡、良凤花鸡屠宰性能比较

油麻鸡 F₃ 代 A 型和拜城油鸡屠宰性能比较，见表 5。通过方差分析可知，油麻鸡 F₃ 代和拜城油鸡屠宰性能差异极显著（$P<0.01$）的有公鸡屠宰率（前者比后者高 6.73%）、公鸡腿肌率（后者比前者高 4.67%）、母鸡腿肌率（后者比前者高 6.94%）和母鸡腹脂率（前者比后者高 3.12%），说明屠宰性能中油麻鸡 F₃ 代在公鸡屠宰率上有很大提高。

差异显著（$P < 0.05$）的屠宰性能有公鸡半净膛率（前者比后者高 5.8%）、公鸡腹脂率（后者比前者高 1.41%）、母鸡屠宰率（前者比后者高 4.42%）、母鸡半净膛率（前者比后者高 4.22%），说明油麻鸡 F₃ 代在母鸡屠宰率公母鸡半净膛率上有了较大提高。

由此可知，油麻鸡 F₃ 代 A 型屠宰性能多数指标均优于拜城油鸡，说明拜城油鸡与良凤花鸡杂交后屠宰性能有较大提高。

表 5　油麻鸡 F₃ 代 A 型与拜城油鸡屠宰性能比较

指标	公鸡（30 只）		母鸡（30 只）	
	油麻鸡 F₃ 代 A 型	拜城油鸡	油麻鸡 F₃ 代 A 型	拜城油鸡
活重/g	2 095. 68±157. 18	2 086. 24±70. 31	1 504. 53±108. 28	1 334. 21±58. 64
屠宰率/%	88. 96±1. 55^A	82. 23±3. 69^B	87. 88±2. 91^a	83. 46±2. 35^b
全净膛率/%	61. 94±1. 89	59. 12±4. 68	60. 10±2. 80	58. 45±4. 56

（续表）

指标	公鸡（30 只）		母鸡（30 只）	
	油麻鸡 F_3 代 A 型	拜城油鸡	油麻鸡 F_3 代 A 型	拜城油鸡
半净膛率/%	81.15±2.38ᵃ	75.35±5.35ᵇ	79.17±4.35ᵃ	74.95±5.64ᵇ
胸肌率/%	17.82±2.42	18.13±2.13	17.97±2.99	19.34±2.69
腿肌率/%	24.96±1.90ᴬ	29.63±3.61ᴮ	21.40±1.62ᴬ	28.36±3.24ᴮ
腹脂率/%	2.13±1.75ᵃ	3.54±0.96ᵇ	4.48±3.72ᴬ	1.36±0.32ᴮ

油麻鸡 F_3 代 A 型和良凤花鸡屠宰性能比较见表 6。通过方差分析可知，油麻鸡 F_3 代 A 型和良凤花鸡屠宰性能比较结果如下。差异极显著（$P<0.01$）的有公鸡活重（前者比后者低 675.53g）、母鸡活重（前者比后者低 719.21g）、公鸡全净膛率（前者比后者低 5.3%）、母鸡全净膛率（前者比后者低 6.65%）、母鸡半净膛率（前者比后者低 3.22%）、公鸡腹脂率（前者比后者低 2.09%）、母鸡腹脂率（前者比后者低 2.40%）。

表 6　油麻鸡 F_3 代 A 型与良凤花鸡屠宰性能比较

指标	公鸡（30 只）		母鸡（30 只）	
	油麻鸡 F_3 代 A 型	良凤花鸡	油麻鸡 F_3 代 A 型	良凤花鸡
活重/g	2 095.68±157.18ᴬ	2 771.21±152.30ᴮ	1 504.53±108.28ᴬ	2 223.74±90.24ᴮ
屠宰率/%	88.96±1.55	89.85±0.94	87.88±2.91	89.95±1.66
全净膛率/%	61.94±1.89ᴬ	67.24±1.37ᴮ	60.10±2.80ᴬ	66.75±1.21ᴮ
半净膛率/%	81.15±2.38	81.68±1.66	79.17±4.35ᴬ	82.39±1.05ᴮ
胸肌率/%	17.82±2.42	18.08±0.96	17.97±2.99	18.48±0.59
腿肌率/%	24.96±1.90	23.94±0.94	21.40±1.62	21.83±1.09
腹脂率/%	2.13±1.75ᴬ	4.22±0.77ᴮ	4.48±3.72ᴬ	6.88±0.63ᴮ

2.4.3　油麻鸡 F_3 代 A 型与良凤花鸡肉品质比较

油麻鸡 F_3 代 A 型和良凤花鸡肉品质比较见表 7。通过比较可知，油麻鸡 F_3 代的肉色、滴水损失均高于良凤花鸡且差异极显著（$P<0.01$）。其中肉色胸肌公鸡油麻鸡比良凤花鸡提高 7.31，母鸡提高 11.08，腿肌公鸡油麻鸡比良凤花鸡提高 21.23，母鸡提高 16.88。滴水损失公鸡油麻鸡比良凤花鸡提高 1.26 个百分点，母鸡提高 4.73 个百分点。

表7　油麻鸡 F_3 代 A 型、良凤花鸡肉品质测定结果比较

项目	部位	公鸡		母鸡	
		油麻鸡 F_3 代 A 型（n=30）	良凤花鸡	油麻鸡 F_3 代 A 型（n=30）	良凤花鸡
肉色	胸肌	59.98±6.29[A]	52.67±3.57[B]	62.26±7.55[A]	51.18±2.87[B]
	腿肌	63.78±6.89[A]	42.55±5.38[B]	63.42±5.75[A]	46.54±4.29[B]
2h pH 值	胸肌	5.58±0.23	5.65±0.37	5.44±0.24	5.71±0.26
24h pH 值	胸肌	5.62±0.28	5.73±0.41	5.72±0.16	5.72±0.19
滴水损失/%	—	6.77±0.54[A]	5.51±0.38[B]	7.78±0.78[A]	3.05±0.24[B]

3　讨论

选择拜城油鸡公鸡作为亲本，是由于拜城油鸡作为新疆土鸡品种，其最大的优点是抗病性强，适应性好，灵活，鸡肉品质优良，抗应激能力强，适于放牧。但由于在新疆目前存栏的纯种拜城油鸡数量较少，只能获得一定数量的纯种拜城油鸡公鸡，与油麻鸡 F_3 代 A 相比饲养较困难，而革明古丽等对纯种拜城油鸡进行了系统性的研究报道，因此参考其报道的数据，目的是说明杂交后的油麻鸡比拜城油鸡体重增加、屠宰性能提高，并且适应性、抗病力、鸡肉品质没有较大变化，而且保持了"新疆土鸡"的放牧优势。

选择良凤花鸡母鸡作为亲本是由于良凤花鸡为快长型肉鸡品种，饲料报酬高，出栏体重大，屠宰性能好，能适应消费者传统嗜好。笔者 2008 年对良凤花鸡在新疆地区的生长性能等进行研究表明，其适应性较好，出栏体重大，羽色鲜艳，得到新疆消费者的认可。其饲养模式、环境均与油麻鸡 F_3 代 A 型相同，所以两者的数据具有可比性。但其肉品质与土鸡相比较差，不适于放牧。

油麻鸡 F_3 代 A 型冠形分为豆冠、单冠、玫瑰冠，母鸡羽色以黑羽为主色，胫部有少许黄羽，公鸡以红黑黄羽为主，脚、腿为青色，肉垂红润，兼具拜城油鸡和良凤花鸡的优点，通过三者比较，油麻鸡 F_3 代 A 型比纯种拜城油鸡有明显改良优势，与良凤花鸡差异不大。

屠宰率与全净膛率是禽类生产性能的重要衡量指标，通常家禽的屠宰率在80%以上、全净膛率在60%以上，则可认定为肉用性能良好。本试验结果显示油麻鸡 F_3 代 A 型公母鸡屠宰率均超过87%，全净膛率均超过60%，说明油麻鸡 F_3 代 A 型产肉性能良好。

4 结论

利用拜城油鸡杂交良凤花鸡所得到的油麻鸡 F_3 代 A 型品系，其屠宰性能比拜城油鸡高，比良凤花鸡略低（方差分析差异不显著），肌肉品质比良凤花鸡高。油麻鸡 F_3 代 A 型品系，机动灵活，羽毛丰满，羽色光亮，能飞跑，野外生存能力强，抗寒抗应激能力强，外界环境零度以下，母鸡仍可产蛋，公鸡可正常生长，且鸡蛋营养丰富，肌肉品质优良，是新疆林下生态养鸡最适宜的新"土鸡"品种，饲养油麻鸡补饲少，成本低，成活率高，效益好，鸡群均匀度和变异系数符合要求，达到了杂交的目标，这种杂交模式可行。

本文原载 中国家禽，2020（3）：17-22

拜城油鸡与良凤花麻鸡杂交后代 F₃ 代 B 型的屠宰性能及肉品质变化分析

摘要： 为了提高拜城油鸡的饲养效益，兼顾拜城油鸡与良凤花麻鸡品种优势，利用拜城油鸡的公鸡与良凤花母鸡进行第 1 次杂交，得到杂交一代（F₁），再利用杂交一代（F₁）青脚母鸡与拜城油鸡的公鸡进行回交，得到 F₂ 代，选取 F₂ 代青脚母鸡与良凤花青脚公鸡进行回交，得到油麻鸡 F₃ 代 B 型，测定分析了 F₃ 代 B 型公鸡和母鸡的屠宰性能指标和肉品质指标。结果表明，油麻鸡 F₃ 代 B 型活重、屠宰率、半净膛率、全净膛率等指标显著（$P<0.05$）或极显著（$P<0.01$）优于拜城油鸡，胸肌肉色值油麻鸡 F₃ 代 B 型公鸡比良凤花公鸡提高 7.31（$P<0.01$），油麻鸡 F₃ 代 B 型母鸡比良凤花母鸡提高 11.08（$P<0.01$）；腿肌肉色值油麻鸡 F₃ 代 B 型公鸡比良凤花公鸡提高 21.23（$P<0.01$），油麻鸡 F₃ 代 B 型母鸡比良凤花母鸡提高 16.88（$P<0.01$）；滴水损失油麻鸡 F₃ 代 B 型公鸡比良凤花公鸡提高 1.26 百分点（$P<0.01$），油麻鸡 F₃ 代 B 型母鸡比良凤花母鸡提高 4.73 百分点（$P<0.01$）。说明拜城油鸡通过与良凤花麻鸡杂交后，其 F₃ 代 B 型后代屠宰性能与肉品质有明显改善。

关键词： 拜城油鸡；良凤花麻鸡；杂交；屠宰性能；肉品质

拜城油鸡是新疆特有的肉蛋兼用型地方品种，原产于新疆阿克苏地区拜城县，2010 年 1 月 15 日被列入国家畜禽遗传资源名录原种，分高脚与矮脚，冠形以单冠、玫瑰冠和豆冠为主，母鸡羽色以褐色为主，公鸡以红黄二色为主。

良凤花麻鸡是南宁良凤花鸡育种中心培育的快大型肉鸡品种，分为良凤青脚鸡良凤黑鸡和良凤黄鸡，以麻羽为主，羽毛丰满，羽色鲜亮，原产于南宁市郊风景秀丽的良凤江畔，生长速度快，饲料报酬高出栏体重大，产肉性能高，适于圈养。良凤花青脚鸡抗病力强、灵活、食草性好、耐粗饲、耐寒，肉质细嫩，香味浓郁，营养丰富，但生长速度慢，体重较轻，适于野外林下草地生态养殖。

本试验利用品种的杂交优势，将拜城油鸡和良凤花麻鸡两个品种进行杂交，以期提高杂交后代林下饲养的性能，提高新疆优良土鸡品种资源的开发利用价值和效率以及饲养效益。

1　材料

拜城油鸡公鸡，选用新疆农业大学钟元伦教授团队拜城油鸡品种资源保护所培养的拜城油鸡公鸡；良凤花鸡，选用广西南宁良凤花鸡育种中心培育的父母代良凤花青脚公鸡和母鸡。

2 方法

2.1 杂交方法

利用拜城油鸡的公鸡与良凤花黑羽青脚母鸡进行第 1 次杂交，得到杂交一代（F_1），再利用杂交一代（F_1）青脚母鸡与拜城油鸡的公鸡进行回交得到 F_2 代，选取 F_2 代青脚母鸡与良凤花黑羽青脚公鸡进行杂交，得到油麻鸡 F_3 代 B 型商品代公鸡和母鸡，选取 F_2 代黑羽青脚高腿公母鸡进行横交，得到 F_3 代 A 型商品代公母鸡。选择 F_3 代 B 型公鸡和母鸡经 120d 的饲养，屠宰后测定其屠宰性能和肉品质性状，并与其他研究测定的拜城油鸡和良凤花鸡的相关指标进行比较分析。

2.2 饲养管理

试验鸡均采用三层阶梯式笼养模式，饲喂希望牌鸡饲料，第 1 次杂交、第 2 次回交后的试验鸡均选用父母代蛋鸡育雏期、育成期和产蛋期饲料饲喂，第 3 次回交后的试验鸡选用肉杂鸡育雏期、育成期、麻鸡父母代产蛋期饲料饲喂，人工授精、人工孵化。第 3 次回交得到杂交三代 F_3 代 B 型（油麻鸡 F_3 代 B 型），其育雏期饲喂肉杂鸡饲料，集中高温育雏，42d 后林下放牧，人工补饲。

2.3 指标测定

各指标于油麻鸡 F_3 代 B 型 120 日龄时测定，前一天晚上随机抽取油麻鸡 F_3 代 B 型公鸡 15 只、母鸡 15 只，禁食 12h 后，先称空腹时的活体重，然后颈部放血致死，脱毛机去毛，沥干皮肤水分后进行屠宰性能测定。测定过程中取胸肌、腿肌样品，编号后放入 4℃冰箱中冷藏保存，用以测定肉品质。

2.3.1 屠宰性能指标

测定方法按照 NY/T 823—2004《家禽生产性能名称术语和度量统计方法》进行，测量屠体重、半净膛重、全净膛重、胸肌重、腿肌重，并计算屠宰率、半净膛率、全净膛率、胸肌率、腿肌率。

2.3.2 肉品质指标

（1）肉色。宰后 24h 内用色差仪在 2h 时和 24h 时测定左腿肌、左胸肌颜色。

（2）pH 值。屠宰后 45min 内快速测定 pH_1，后置于 4℃冰箱保存待 24h 后取样快速测定 pH_2。

（3）滴水损失。宰后 2h 内取胸肌、腿肌各 3～4g，精确称重，称重后放入 10mL 离心管（内有吸收棉），4 000r/min 离心 10min，取出肉样称重。失水率（%）=（离心前肉样重−离心后肉样重）/离心前肉样重×100。

（4）剪切力。按照 NY/T 1180—2006《肉嫩度的测定 剪切力测定法》进行操作。

2.4 数据的统计分析

相关测定结果用 Excel 软件进行数据整理，用 SPSS 17.0 软件进行单因素方差分析，结果数据以"平均值±标准差"表示。$P<0.01$ 表示差异极显著，$P<0.05$ 表示差异显著，$P>0.05$ 表示差异不显著。

3 结果与分析

3.1 油麻鸡 F_3 代 B 型与纯种拜城油鸡、良凤花鸡屠宰性能比较

根据革明古丽等和袁立岗等的报道结果，将油麻鸡 F_3 代 B 型和纯种拜城油鸡圈养环境 154 日龄、良凤花鸡圈养环境 75 日龄屠宰性能进行比较，见表 1。

通过方差分析可知，油麻鸡 F_3 代 B 型多数指标均优于纯种拜城油鸡，特别是活重、屠宰率、半净膛率、全净膛率等指标显著（$P<0.05$）或极显著（$P<0.01$）优于拜城油鸡，胸肌率二者相当（$P>0.05$）；油麻鸡 F_3 代 B 型和良凤花鸡在屠宰率、半净膛率、胸肌率相当（$P>0.05$），说明油麻鸡 F_3 代 B 型屠宰性能有了较大提高。

表 1 油麻鸡 F_3 代 B 型和拜城油鸡、良凤花鸡屠宰性能比较结果

指标	公鸡			母鸡		
	油麻鸡 F_3 代 B 型	拜城油鸡	良凤花鸡	油麻鸡 F_3 代 B 型	拜城油鸡	良凤花鸡
活重/kg	2.30±0.11[Aa]	2.09±0.07[Bb]	2.77±0.15[Bb]	2.09±0.09[Aa]	1.33±0.06[Bb]	2.24±0.09[Aa]
屠宰率/%	87.16±4.89[Aa]	82.23±3.69[Ab]	89.85±0.94[Aa]	91.96±1.28[Aa]	83.46±2.35[Bb]	89.95±1.66[Aa]
半净膛率/%	82.31±2.89[Aa]	75.35±5.35[Bb]	81.68±1.66[Aa]	82.81±2.19[Aa]	74.95±5.64[Bb]	82.39±1.05[Aa]
全净膛率/%	64.78±3.05[Aa]	59.12±4.68[Ab]	68.04±1.37[Ab]	63.93±1.96[Aa]	58.45±4.56[Bb]	66.75±1.21[Bb]
胸肌率/%	17.40±3.07[Aa]	18.13±2.13[Aa]	18.08±0.96[Aa]	18.73±1.54[Aa]	19.34±2.69[Aa]	18.48±0.59[Aa]
腿肌率/%	22.94±1.99[Aa]	29.63±3.61[Bb]	23.94±0.94[Bb]	19.23±1.72[Aa]	28.36±3.24[Bb]	21.83±1.09[Bb]

注：同性别间同行数据，大写字母不同表示差异极显著（$P<0.01$），小写字母不同表示差异显著（$P<0.05$），小写字母相同表示差异不显著（$P>0.05$），下同。

3.2 油麻鸡 F_3 代 B 型和良凤花鸡肉品质比较

根据袁立岗等的报道结果，油麻鸡 F_3 代 B 型和良凤花鸡圈养环境 75 日龄

肉品质测定结果见表2。通过比较可知，油麻鸡 F_3 代 B 型与良凤花鸡肉品质在肉色、滴水损失上差异极显著（$P<0.01$）。

表2 油麻鸡 F_3 代 B 型、良凤花鸡肉品质比较结果

项目	公鸡		母鸡	
	油麻鸡 F_3 代 B 型	良凤花鸡	油麻鸡 F_3 代 B 型	良凤花鸡
胸肌肉色	59.98±6.29[Aa]	52.67±3.57[Bb]	62.26±7.55[Aa]	51.18±2.87[Bb]
腿肌肉色	63.78±6.89[Aa]	42.55±5.38[Bb]	63.42±5.75[Aa]	46.54±4.29[Bb]
胸肌 pH_1	5.58±0.23[Aa]	5.65±0.37[Aa]	5.44±0.24[Aa]	5.71±0.26[Aa]
腿肌 pH_2	5.62±0.28[Aa]	5.73±0.41[Aa]	5.72±0.16[Aa]	5.72±0.19[Aa]
滴水损失/%	6.77±0.54[Aa]	5.51±0.38[Bb]	7.78±0.78[Aa]	3.05±0.24[Bb]

其中，油麻鸡 F_3 代 B 型与良凤花鸡比较，公鸡胸肌肉色值提高7.31（$P<0.01$），母鸡胸肌肉色值提高11.08（$P<0.01$）；公鸡腿肌肉色值提高21.23（$P<0.01$），母鸡腿肌肉色值提高16.88（$P<0.01$），说明油麻鸡 F_3 代 B 型胸肌、腿肌肉色比良凤花鸡更鲜亮。

油麻鸡 F_3 代 B 型公鸡肌肉滴水损失比良凤花鸡提高1.26个百分点（$P<0.01$），母鸡提高4.73个百分点（$P<0.01$）。

4 讨论

拜城油鸡作为新疆土鸡品种，其最大的优点是抗病性强、适应性好、灵活、鸡肉品质优良、抗应激能力强、适于放牧，但其成年体重较轻、屠宰性能不高。由于目前新疆地区纯种拜城油鸡保有量很低，因此本试验没有设立纯种拜城油鸡对照组，参考了革明古丽报道的全价日粮饲喂的154日龄纯种拜城油鸡的屠宰性能。

良凤花鸡作为培育的快大型肉鸡品种，其饲料报酬高，出栏体重大，屠宰性能好，能适应消费者的传统嗜好。笔者于2008—2010年对良凤花鸡在新疆的生长适应性进行了研究，虽然其能适应新疆的气候，但其肉品质较差，而且不适于放牧。将二者进行杂交，使之能兼顾两个品种的优势。本试验中比对的拜城油鸡和良凤花鸡都是全价饲料圈养，油麻鸡 F_3 代 B 型是舍内集中饲养至42日龄后进行林下放养，白天自由觅食，早晚进行补饲，因此油麻鸡 F_3 代 B 型的饲养成本比拜城油鸡和良凤花鸡都低，但活体重没有明显优势。

用拜城油鸡和良凤花鸡第1次杂交后得到杂交 F_1 代，杂交 F_1 代再与原种拜城油鸡的公鸡回交，是为了在 F_2 代得到"拜城油鸡"更多的显性遗传基

因，包括羽色、体形、青脚、屠宰性能、肌肉品质等。选用 F_2 代母鸡与良凤花鸡公鸡回交，是为了使油麻鸡 F_3 代 B 型商品代鸡更能体现拜城油鸡与良凤花鸡的优良性状。一般鸡的屠宰率大于 80%，全净膛率大于 60%，表明其肉用性能良好，而全净膛重、半净膛重以及胸肌、腿肌都是可食性指标。通过比较可知，油麻鸡 F_3 代 B 型比纯种拜城油鸡屠宰性能有明显改良优势，与良凤花麻鸡差异不大。

影响肌肉品质的因素较多，如日龄、品种、饲养方式、饲料等。本次试验这四种因素均不同，所表现出的肉品质差异较大，油麻鸡 F_3 代 B 型肉色值达到 62 以上，肉色较良凤花鸡有了较大的提高。

5 结论

利用拜城油鸡杂交良凤花鸡所得到的油麻鸡 F_3 代 B 型品系，其屠宰性能比拜城油鸡高，比良凤花鸡略低（方差分析差异不显著），肌肉品质比良凤花鸡高，不仅如此，油麻鸡 F_3 代 B 型母鸡羽色以黑麻为主，公鸡以红黑黄为主，羽色一致率很高，且高脚率高、成活率高、适应性强、耐寒冷，通过监测可知，成活率达到 95% 以上，气温在 -10℃ 左右母鸡仍可产蛋，而且产蛋率比一般土鸡品种和肉种鸡高，达到了杂交的目标，说明这种杂交模式可行。

本文原载 黑龙江畜牧兽医，2020（7）：75-77

拜城油鸡的杂交利用及示范效果

摘要：利用拜城油鸡与麻羽肉鸡杂交，F₃代A型和F₃代B型120日龄成活率分别为96.46%和93.50%，F₃代A型和F₃代B型公鸡体重分别为2 150g和2 370g。在相同饲养条件与原种拜城油鸡比较，公母鸡体重分别提高215.06g和752.59g，屠宰率分别提高4.93个和8.5个百分点。示范74 386只，收入679.67万元。

关键词：油麻鸡；拜城油鸡；良凤花鸡；杂交利用

拜城油鸡是新疆具有悠久历史的地方品种，虽然适应性较强，但生长速度较慢，肉用性不突出，而国内其他品种土鸡品种在新疆适应性表现较差。利用本地优良品种培育适应新疆自然环境、生态条件、饲草料资源特点、抗病力强、耐粗饲、肉用性能又好的土鸡是必要的。

1 杂交方法、目标、方法

1.1 杂交方法

利用拜城油鸡的公鸡与良凤花黑羽青脚母鸡进行第1次杂交，得到杂交一代（F₁代），再利用F₁代青脚母鸡与拜城油鸡的公鸡进行回交得到F₂代，选取F₂代青脚母鸡与良凤花黑羽青脚公鸡进行杂交，得到油麻鸡F₃代B型商品代公鸡和母鸡，选取F₂代黑羽青脚高腿公母鸡进行横交，得到F₃代A型商品代公母鸡。利用F₃代商品"油麻鸡"与北京油鸡商品代性能进行比对。

1.2 杂交目标

F₃代适应生态养殖环境，数量性状指标方面，成活率90%以上，公鸡体重2 200g以上，母鸡体重1 800g以上，屠宰率平均85%以上（均高于拜城油鸡），肌肉品质高于麻羽肉鸡。质量性状方面，冠形、肤色、羽色等保持与原种一致。

1.3 杂交方法

纯种"拜城油鸡"的选育采用群体品系育种法闭锁繁殖。F₁代、F₂代根据F₃代的目标，严格选种、育种，采用了基因导入法将麻羽鸡生长速度快、出栏体重大基因导入，采用基因剔除法将"拜城油鸡"产蛋"冬歇性""抱窝性"剔除，选留性状突出的基因鸡作为F₁代、F₂代种用。

2 F₃代性能表现

2.1 生长性能

油麻鸡 F₃ 代 A 型、F₃ 代 B 型与拜城油鸡、麻羽鸡和北京油鸡 120 日龄饲养性能比较，结果见表 1。

表 1 油麻鸡与其他品种 120 日龄饲养性能比较

项目	F₃ 代 A 型	F₃ 代 B 型	拜城油鸡	麻羽鸡	北京油鸡
成活率/%	96.46	93.50	—	90.00	88.30
公鸡体重/kg	2.15	2.37	2.09	2.606	1.99
母鸡体重/kg	1.68	2.10	1.33	2.030	1.72

2.2 体尺性状

油麻鸡 F₃ 代 A 型和 F₃ 代 B 型体尺性能比较见表 2。

表 2 油麻鸡 F₃ 代 A 型和油麻鸡 F₃ 代 B 型体尺性能比较

项目	油麻鸡 F₃ 代公鸡		油麻鸡 F₃ 代母鸡	
	A 型	B 型	A 型	B 型
体重/kg	2.09±0.16^{Aa}	2.30±0.11^{Bb}	1.50±0.11^{Aa}	2.09±0.09^{Bb}
体斜长/cm	24.97±1.40	22.73±1.25^{Bb}	22.43±0.98^{Aa}	22.09±1.73^{Aa}
龙骨长/cm	14.21±0.85^{Aa}	13.95±0.83^{Aa}	13.03±0.85^{Aa}	13.19±1.81^{Aa}
胸宽/cm	7.49±0.80^{Aa}	7.73±0.68^{Aa}	6.20±0.96^{Aa}	7.39±0.70^{Bb}
胸深/cm	6.92±0.46^{Aa}	7.61±0.49^{Bb}	6.24±0.81^{Aa}	6.90±0.62^{Bb}
胫长/cm	13.2±0.64^{Aa}	12.08±0.71^{Bb}	10.54±1.19^{Aa}	10.53±0.55^{Aa}
胫围/cm	5.33±0.42^{Aa}	5.65±0.39^{Ab}	4.64±0.39^{Aa}	5.06±0.39^{Bb}

注：同行数据同性别间，大写字母完全不同表示差异极显著（$P<0.01$），小写字母完全不同表示差异显著（$P<0.05$），含相同字母表示差异不显著（$P>0.05$），下同。

2.3 肉用性能

油麻鸡 F₃ 代 A 型和 F₃ 代 B 型屠宰性能比较见表 3。

表 3 油麻鸡 F₃ 代 A 型与 F₃ 代 B 型屠宰性能比较

指标	油麻鸡 F₃ 代公鸡		油麻鸡 F₃ 代母鸡	
	A 型	B 型	A 型	B 型
体重/kg	2.09±0.16^{Aa}	2.30±0.11^{Bb}	1.50±0.11^{Aa}	2.09±0.09^{Bb}

（续表）

指标	油麻鸡 F₃ 代公鸡		油麻鸡 F₃ 代母鸡	
	A 型	B 型	A 型	B 型
屠宰率/%	88.96±1.55^{Aa}	87.17±4.89	87.88±2.91^{Aa}	91.95±1.28
全净膛率/%	61.94±1.89	64.78±3.05	60.10±2.80	63.13±1.96
半净膛率/%	81.15±2.38^{Aa}	82.31±2.89	79.17±4.35^{Aa}	82.82±2.19
胸肌率/%	17.82±2.42	17.40±3.07	17.82±2.99	18.73±1.54
腿肌率/%	24.96±1.90^{Aa}	22.94±1.99	21.40±1.62^{Aa}	19.23±1.72

3 F₃ 代性状分析

3.1 新培育的油麻鸡习性与众不同

灵活、食草量可达到日采食量的 40%。通过比对，比同类品种的鸡高20%左右。腿长好动，喜欢奔跑，野外采食半径 2km 多，比其他品种长。有早晚出巢归巢的习性，喜欢栖息在树枝、木架上。适于低温度生存，比其他品种的鸡耐寒，不需要高温育雏，没有"冬歇性"和"抱窝性"，平均 150 日龄开产，在野外-10℃左右仍能产蛋，南疆、东疆和乌鲁木齐周边四季可产蛋，相同条件下饲养的北京油鸡、麻羽鸡、芦花鸡没有这种性能。

3.2 油麻鸡外貌特征及体尺性能与众不同

新品系鸡有其独特的外貌特征，眼睛大，公母鸡以凤头、豆冠、黑喙、青脚为主、母鸡以黑羽为主，颈部周围有一圈少许黄羽，公鸡以黄黑红羽为主，胫长方面，公鸡达到 12.08cm，比拜城油鸡长 2.62cm，比良凤花鸡长 1.16cm，母鸡达到 10.53cm，比拜城油鸡长 1.64cm，比良凤花鸡长 0.88cm。胫围方面，公鸡达到 5.65cm，比拜城油鸡粗 3.38cm，比良凤花鸡粗 0.39cm，母鸡达到5.06cm，比拜城油鸡粗 3.04cm，比良凤花鸡粗 0.11cm。体斜长方面，公鸡达到 22.73cm，比拜城油鸡长 1.48cm，比良凤花鸡长 0.06cm。龙骨长方面，公鸡达到 13.95cm，比拜城油鸡长 2.72cm，比良凤花鸡长 1.11cm，母鸡达到13.19cm，比拜城油鸡长 3.98cm，比良凤花鸡长 1.50cm。

3.3 肉用性能优于同类品种和原种鸡

在新疆，油麻鸡的适应性、生长性能均高于同类品种。F₃ 代 B 型 120 日龄公鸡体重 2 370g，母鸡体重 2 100g，体重与北京油鸡比较，公母鸡均提高 380g；与拜城油鸡比较，公鸡提高 280g，母鸡提高 70g。屠宰率与北京油鸡比较，公鸡降低 1.4 个百分点，母鸡提高了 4.97 个百分点。与原种拜城油鸡比较，公鸡提高 4.93 个百分点，母鸡提高 8.5 个百分点。

3.4　适应性比同类品种强

120 日龄育成鸡成活率达到 93.5%，比同期北京油鸡高 5~8 个百分点，相同条件下比对饲养，对新疆自然环境、饲草料的多样性等适应比北京油鸡强。

4　F_3 代示范效果

4.1　饲养效果

2017—2020 年共计示范饲养油麻鸡 16 批次，饲养量 80 721 只，出栏 74 386只，出栏率达到 92.2%，详见表 4。

表 4　油麻鸡饲养情况

时间/年	月日	批次	饲养地区	饲养数量/只	出栏数量/只	出栏率/%	合计/只
2017	4.19	1	乌鲁木齐	1 000	960	96.00	960
2018	5.3	1	乌鲁木齐	2 853	2 785	97.62	14 051
		2	乌鲁木齐	2 670	2 574	96.40	
	5.17	3	乌鲁木齐	2 560	2 510	98.05	
	6.4	4	乌鲁木齐	2 800	2 719	97.11	
	6.25	5	乌鲁木齐	3 501	3 463	98.91	
	7.17	6	和田	6 800	6 719	98.81	6 719
2019	3.23	1	和田	7 280	6 872	94.40	28 645
	4.2	2	和田	8 300	7 951	95.80	
	4.19	3	和田	8 008	6 094	76.10	
	5.10	4	和田	7 384	5 368	72.70	
	5.24	5	和田	2 565	2 360	92.01	6 020
			吐鲁番	3 500	3 401	97.17	
		6	吐鲁番	3 000	2 619	87.30	
2020	5.17	1	和田	9 000	8 802	97.80	8 802
	5.24	2	吐鲁番	3 000	2 793	93.10	2 793
	8.12	3	和田	6 500	6 396	98.40	6 396
合计	—	16	3	80 721	74 386	92.2	74 386

4.2 经济效益

示范出栏 74 386 只, 由于南北疆售价差异较大, 单只价格在 70~180 元不等, 经济收入 679.67 万元, 净收入 493.42 万元, 详见表 5。

表 5 油麻鸡饲养效果

时间/年	地区	出栏数量/只	平均单价/元	收入/万元	净收入/万元	备注
2017	乌鲁木齐	960	180	17.28	15.36	—
2018	乌鲁木齐	14 051	120	168.61	112.41	—
	和田	6 719	85	57.11	40.31	—
2019	吐鲁番	6 020	130	78.26	60.2	
	和田	28 645	70	200.52	143.23	
2020	吐鲁番	2 793	130	36.31	30.72	受疫情影响饲养时间较长, 成本较大
	和田	15 198	80	121.58	91.19	
合计	—	74 386		679.67	493.42	

5 讨论

5.1 生态鸡肌肉品质优, 市场需求旺, 经济效益好

油麻鸡适合生态养殖, 表现了突出的抗逆性、耐粗饲以及体尺优势, 有利于在果园、林下、山地、草地、大田等野外放养, 其奔跑速度快, 活动半径较大, 适合种养结合的一体化饲养模式。通过示范饲养成本每只平均 25~30 元, 每只收益 45~150 元不等。

5.2 建立比较完善的杂交供种体系

完善原种保种量、扩大商品代供种能力, 推广生态养殖技术, 可彻底解决全区土鸡品种供应不足、不优问题。配套产品集中屠宰、冷藏、包装、运输等产业链, 可满足区内外市场需求。作为乡村振兴中的新兴产业, 发展生态养殖, 可持久地增加农牧民收入。